普通高等教育工业智能专业系列教材

U0174384

智能视觉感知

东北大学信息科学与工程学院　组编

贾　同　陈东岳　主编

贾娜娜　武云鹤　李小芳　梁　锋

张松娜　贾小冬　刘益辄　田艺欣　参编

机 械 工 业 出 版 社

智能视觉感知是人工智能的重要组成部分。本书系统介绍了智能视觉感知领域的基础知识、典型方法和关键技术。本书共 8 章，第 1 章为绪论，第 2~5 章介绍二维视觉感知的关键技术，即图像生成与表示、图像滤波与增强、颜色与纹理分析、图像分割四部分内容；第 6 章介绍三维视觉感知；第 7 章介绍基于深度学习的视觉感知；第 8 章介绍视觉 SLAM。读者可以从中了解智能视觉感知的基本理论方法与前沿进展，并能据此解决智能视觉应用中的实际问题。本书例题丰富多样，每章均有习题，并在书后附有参考文献；本书另配有相应的数字化课程，读者可登录网站（https://www.icourse163.org/course/NEU-1465996192?from = searchPage&outVendor = zw_mooc_pcssjg）观看每个知识点的微视频。

本书可作为自动化、人工智能、计算机科学、计算机应用、信号与信息处理、模式识别与智能系统等方向的大学本科或研究生的专业基础课教材，也可作为相关专业的远程教育课程教材，还可供从事智能视觉技术应用行业的科技工作者自学或科研参考。

本书配有授课电子课件、教案等配套资源，需要的教师可登录www.cmpedu.com 免费注册，审核通过后下载，或联系编辑索取（微信：18515977506，电话：010-88379753）。

图书在版编目（CIP）数据

智能视觉感知/东北大学信息科学与工程学院组编；贾同，陈东岳主编 . —北京：机械工业出版社，2024.5

普通高等教育工业智能专业系列教材

ISBN 978-7-111-75240-0

Ⅰ. ①智… Ⅱ. ①东… ②贾… ③陈… Ⅲ. ①计算机视觉-高等学校-教材 Ⅳ. ①TP302.7

中国国家版本馆 CIP 数据核字（2024）第 048208 号

机械工业出版社（北京市百万庄大街 22 号 邮政编码 100037）
策划编辑：汤 枫 责任编辑：汤 枫 尚 晨
责任校对：甘慧彤 李 婷 责任印制：张 博
北京建宏印刷有限公司印刷
2024 年 5 月第 1 版第 1 次印刷
184mm×260mm·10.75 印张·264 千字
标准书号：ISBN 978-7-111-75240-0
定价：55.00 元

电话服务 网络服务
客服电话：010-88361066 机 工 官 网：www.cmpbook.com
010-88379833 机 工 官 博：weibo.com/cmp1952
010-68326294 金 书 网：www.golden-book.com
封底无防伪标均为盗版 机工教育服务网：www.cmpedu.com

出 版 说 明

人工智能领域专业人才培养的必要性与紧迫性已经取得社会共识，并上升到国家战略层面。以人工智能技术为新动力，结合国民经济与工业生产实际需求，开辟"智能+X"全新领域的理论方法体系，培养具有扎实的专业知识基础，掌握前沿的人工智能方法，善于在实践中突破创新的高层次人才将成为我国新一代人工智能领域人才培养的典型模式。

自动化与人工智能在学科内涵与知识范畴上存在高度的相关性，但在理论方法与技术特点上各具特色。其共同点在于两者都是通过具有感知、认知、决策与执行能力的机器系统帮助人类认识与改造世界。其差异性在于自动化主要关注基于经典数学方法的建模、控制与优化技术，而人工智能更强调基于数据的统计、推理与学习技术。两者既各有所长，又相辅相成，具有广阔的合作空间与显著的交叉优势。工业智能专业正是自动化科学与新一代人工智能碰撞与融合过程中孕育出的一个"智能+X"类新工科专业。

东北大学依托信息科学与工程学院，发挥控制科学与工程国家一流学科的平台优势，于2020年开设了全国第一个工业智能本科专业。该专业立足于"人工智能"国家科技重点发展战略，面向我国科技产业主战场在工业智能领域的人才需求与发展趋势，以专业知识传授、创新思维训练、综合素质培养、工程能力提升为主要任务，突出"系统性、交叉性、实用性、创新性"的专业特色，围绕"感知-认知-决策-执行"的智能系统大闭环框架构建工业智能专业理论方法知识体系，瞄准智能制造、工业机器人、工业互联网等新领域与新方向，积极开展"智能+X"类新工科专业课程体系建设与培养模式创新。

为支撑工业智能专业的课程体系建设与人才培养实践，东北大学信息科学与工程学院启动了"工业智能专业系列教材"的组织与编写工作。本套教材着眼于当前高等院校"智能+X"新工科专业课程体系，侧重于自动化与人工智能交叉领域基础理论与技术框架的构建。在知识层面上，尝试从数学基础、理论方法及工业应用三个部分构建专业核心知识体系；在功能层面上，贯通"感知-认知-决策-执行"的智能系统全过程；在应用层面上，对智能制造、自主无人系统、工业云平台、智慧能源等前沿技术领域和学科交叉方向进行了广泛的介绍与启发性的探索。教材有助于学生构建知识体系，开阔学术视野，提升创新能力。

本套教材的编著团队成员长期从事自动化与人工智能相关领域教学科研工作，有比较丰富的人才培养与学术研究经验，对自动化与人工智能在科学内涵上的一致性、技术方法上的互补性以及应用实践上的灵活性有一定的理解。教材内容的选择与设计以专业知识传授、工程能力提升、创新思维训练和综合素质培养为主要目标，并对教材与配套课程的实际教学内容进行了比较清晰的匹配，涵盖知识讲授、例题讲解与课后习题，部分教材还配有相应的课程讲义、PPT、习题集、实验教材和相应的慕课资源，可用于各高等院校的工业智能专业、人工智能专业等相关"智能+X"类新工科专业及控制科学与工程、计算机科学与技术等相关学科研究生的课堂教学或课后自学。

    "智能+X"类新工科专业在 2020 年前后才开始在全国范围内出现较大规模的增设，目前还没有形成成熟的课程体系与培养方案。此外，人工智能技术的飞速发展也决定了此类新工科专业很难在短期内形成相对稳定的知识架构与技术方法。尽管如此，但考虑到专业人才培养对相关课程和教材建设需求的紧迫性，编写组在自知条件尚未完全成熟的前提下仍然积极开展了本套系列教材的编撰工作，意在抛砖引玉，摸着石头过河。其中难免有疏漏错误之处，诚挚希望能够得到教育界与学术界同仁的批评指正。同时也希望本套教材对我国"智能+X"类新工科专业课程体系建设和实际教学活动开展能够起到一定的参考作用，从而对我国人工智能领域人才培养体系与教学资源建设起到积极的引导和推动作用。

前　　言

人类80%的感知信息来自视觉。人眼的视觉感知能力是我们认识世界的一把钥匙，而随着计算机技术的不断发展，其模拟人眼视觉功能的能力在近年来引起了广泛关注并成为人工智能领域的研究热点。智能视觉感知通过光学传感器信息，借鉴人眼视觉感知机制，融合计算机视觉、图像处理与分析、模式识别以及机器学习等领域的理论、方法与技术，实现对外部环境的感知、认知、决策与执行，可广泛应用于工业机器人、无人驾驶、智能制造、虚拟现实、混合现实等方面，是人工智能领域重要的组成部分，具有重要的研究与应用价值。本书系统介绍了智能视觉感知的基础知识、典型方法和关键技术，读者可以从中了解该领域的基本理论方法与前沿进展，并能据此解决实际应用问题。

本书在讲解智能视觉感知知识的同时，也弘扬了社会主义核心价值观，坚定文化自信，推进工程技术的改革创新。本书共8章，第1章为绪论，对智能视觉感知的发展历史、应用领域等进行详细介绍；第2章讲解图像生成与表示的基本原理，介绍电磁波特性、典型成像设备与成像原理，并介绍摄像机标定算法等；第3章讲解图像滤波与增强的基本原理、应用目标，并给出几种典型的图像滤波与增强算法；第4章讲解颜色与纹理分析的基本原理，介绍颜色物理学、典型的基色系统，并给出几种典型的颜色和纹理分析算法；第5章讲解图像分割的基本原理，并给出几种典型的图像分割算法；第6章讲解三维视觉感知的基本原理，介绍三维视觉软硬件系统，并给出几种典型的三维视觉感知算法，如双目视觉、结构光测量、三维重建等；第7章讲解基于深度学习的视觉感知，介绍智能感知任务与深度学习的关系、深度学习的基本原理，并给出几种典型的深度学习模型；第8章讲解视觉SLAM的基本原理，介绍ROS操作系统、几种经典的视觉SLAM框架、三维空间刚体运动、位姿估计、点云配准基本原理等。

这些章节涵盖了智能视觉感知领域的方方面面，每一章都探讨了该领域的重要议题。随着人工智能成为国际研究的热点与国家战略，欣喜地看到视觉感知智能化的飞速发展与进步，非常有幸身处其中并见证这个激动人心的过程。如果能够更加有幸为这个过程贡献一点自己的微薄之力，那将是多么令人欣慰的事情。

在编写此书过程中：

感谢贾娜娜、武云鹤、李小芳、梁锋、张松娜、贾小冬、刘益辄、田艺欣等学生的支持与奉献。他们合作完成了诸如图片优化、文字校准等任务。

感谢机械工业出版社编辑们的精心组织、认真审阅和细心修改。

最后感谢家人在各方面的理解和支持。

由于智能视觉感知技术的发展日新月异加之撰写时间有限，书中难免存在不足之处，望读者给予批评指正。

主　编

目　录

第1章 绪　　论

人眼的视觉感知能力是我们认识世界的一把钥匙，而随着计算机技术的不断发展，其模拟人眼视觉功能的能力近年来引起了广泛关注并成为人工智能领域的研究热点。智能视觉感知是一门综合性的学科，它与计算机视觉、图像处理、模式识别、机器学习、计算机图形学以及数学、物理学、心理学、认知科学等都有紧密联系。

本书是一本用于智能视觉感知与计算机视觉课程教学的工具书，同时也系统地论述了相关领域的理论、方法与技术。本章作为绪论部分，主要对人类视觉、计算机视觉、基于深度学习的智能视觉感知、智能视觉感知应用语言与软件等方面进行介绍，并阐述其在多个领域的应用。

1.1　人类视觉

1.1.1　人眼结构及成像特点

眼睛对于人类的重要性不言而喻，它带领我们认识和领略了大千世界的丰富多彩，因此人眼的视觉感知也成为生物学和医学领域研究的重点。人眼的结构复杂且精密，从图 1.1 中可以看出其主要由三层透明的结构包覆而成。其中，最外层由角膜和巩膜组成，中间的一层由脉络膜、睫状体和虹膜组成，最内层是视网膜。众所周知，视网膜细胞对于人类感知光的过程起到了重要作用。

值得注意的是，物体在视网膜上形成的是倒立、缩小的实像，而大脑形成的视觉感知是正立的，这是人的视觉特点。如图 1.2 所示，视觉成像是物体的反射光通过晶状体折射成像于视网膜上，再由视觉神经感知传给大脑，这样人就看到了物体。

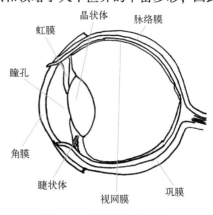

图 1.1　人眼结构示意图

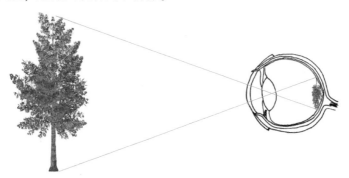

图 1.2　物体在视网膜上成像示意图

1

1.1.2 视网膜感光细胞及光的波长

视网膜感光细胞主要分为视锥细胞和视杆细胞。人眼感知光度和色彩主要利用了视锥细胞，而视杆细胞仅能感知光度，不能感知颜色，但其对光的敏感度却远远超过视锥细胞。由于人眼只有视杆细胞能够在细弱微光下起作用，因此人眼不能在暗环境中分辨颜色而只能感受光度。

人眼可感知光的波长范围为 380~780 nm，波长在此范围的光又称为可见光。人眼对其中绿色（550 nm）光产生最大的光强敏感度。可见光的波长范围如图 1.3 所示。其中，紫外线的波长范围为 10~380 nm，红外线的波长范围为 780~10^6 nm。

图 1.3 可见光的波长范围

1.1.3 视觉形成过程及特性

视觉形成的过程称为视觉过程，包含光学过程、化学过程和神经处理过程等多个步骤所组成的复杂过程。图 1.4 为视觉形成过程示意图。

图 1.4 视觉形成过程

（1）光学过程

人眼是一个十分复杂的器官。从成像的角度来讲，可以将眼睛与摄像机媲美。晶状体位于眼球体的前端，相当于摄像机的镜头；而晶状体前的瞳孔相当于摄像机光圈；眼球内壁的视网膜包含光感受器和神经组织网络的薄膜，相当于摄像机的成像平面。当眼睛聚焦在前方物体上时，从外部射入眼睛内的光就在视网膜上成像。晶状体的屈光能力会随其周围的睫状体纤维内的压力变化而改变，据此可计算物体在视网膜上的成像尺寸。

（2）化学过程

视网膜可看作一个化学实验室，它将光学图像通过化学反应转换成其他形式的信息。因此，在视网膜各处产生的信号强度反映了场景中对应位置的光强度。由此可见，化学过程基本确定了成像的亮度和颜色。

（3）神经处理过程

每个视网膜接收单元都与一个神经元细胞通过突触相连，神经元细胞之间又通过其他的突触连接，从而构成光神经网络。光神经进一步与大脑中的侧区域连接，并将信息送达大脑中的纹状皮层。在那里，对光刺激产生的响应经过一系列处理最终形成关于场景的表象，从而将对光的感觉转化为对景物的知觉。

人眼的视觉系统并非对图像中的任何变化都能感知。因此，各种图像处理算法一直致力于对人眼视觉特性进行深入研究。视觉的基本特性如下：

1）视角、视力和视野。视角是指被观看物体的大小对眼睛形成的张角。观看物体的距离一定时，视角越大表示被观看物体的尺寸越大。在医学上观看细小物体的视角大小的能力叫视力，它是所观看最小视角的倒数。当头和眼睛不动时，人眼能看到的空间范围叫视野。

2）明适应、暗适应。人们从明亮环境到暗环境的视觉适应过程称为暗适应，人眼一时无法辨认物体，需要大约 30 min 的调整适应时间；反之，由暗环境到明亮环境的视觉适应过程称为明适应，明适应通常只需 1~2 min。

3）视觉暂留。视觉暂留又称为视觉惰性，它是指光像一旦在视网膜上形成，即使光像消失后，视觉系统对这个光像的感觉仍会持续一段时间，持续时间为 0.05~0.1 s。

1.2　计算机视觉

1.2.1　计算机视觉的概念及意义

人眼对于外界事物的感知不仅存在于视觉刺激层面，同时也涉及人脑对场景的高层语义的理解。例如，给定一个包含人和足球在球场的场景，可以推断出这个人正在踢足球，这就赋予了场景内容主观分析和判断。而计算机视觉主要通过使用计算机及相关设备构建模型对人眼视觉机制进行模拟。它的主要任务是根据感知到的图像内容，对客观世界中实际的目标和场景做出有意义的分析和判断。正是这样，计算机视觉通常具有"智能"的概念，而且它成为人工智能领域里非常重要的研究热点。

1.2.2　相关学科的区别和联系

作为一门综合性学科，计算机视觉与其他几个学科有着十分密切的联系，如模式识别、图像处理、机器视觉等，如图 1.5 所示。这几个学科或研究领域之间的主要联系与区别如下：

计算机视觉能够利用各种成像系统代替视觉器官作为输入手段，由计算机来代替大脑完成处理和解释。其最终研究目标是使计算机能像人那样通过视觉来观察和理解世界，并具有自主适应环境的能力，如无人车视觉导航。计算机视觉能够根据计算机系统的特点来进行视觉信息的处理。但是，人类视觉系统是迄今为止，人们所知道的功能最强大和完善的视觉系统，对人类视觉处理机制的研究将给计算机视觉的研究提供启发和指导。因此，利用计算机信息处理方法研究人类视觉机理，构建人类视觉的计算理论，均属于计算视觉的研究范畴，也是人工智能中的一个重要研究领域。

模式识别又称为模式分类，能够根据从图像中抽取的统计特性或结构信息，把图像分成预定的类别，如文字识别或指纹识别。在计算机视觉中模式识别技术经常用于处理图像中的某些感兴趣区域，如分割区域的识别和分类。

图像处理一般指数字图像处理，能够把输入图像转换成具有所希望特性的另一幅图像，如图像增强、图像还原、图像压缩、图像匹配等。在计算机视觉研究中经常利用图像处理技术进行预处理和特征抽取。

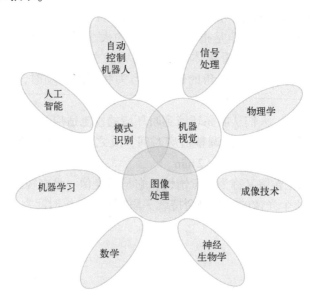

图 1.5　计算机视觉与其他领域的关系

机器视觉的目标是使用机器代替人眼进行测量和判断，如工业视觉测量或机器人三维视觉感知。其特点是提高生产的柔性和自动化程度，尤其在一些不适合人类工作的危险工作环境或人工视觉难以满足要求的场合，常用机器视觉替代人工视觉。同时在大批量重复性工业生产过程中，用机器视觉检测方法可以大幅提高生产的效率和自动化程度。而且机器视觉易于实现信息集成，是实现计算机集成制造的基础技术。

1.3　基于深度学习的智能视觉感知技术

1.3.1　深度学习

近年来，随着人工智能的兴起，深度学习技术逐渐成为人工智能领域里非常重要的研究手段之一。深度学习的概念于 2006 年被多伦多大学的 Geoffrey Hinton 教授等人首次提出，并在最近十几年里得到了巨大的发展。它使人工智能产生了革命性的突破，让我们充分感受到人工智能给人类生活带来的改变。随着深度学习方法在 2012 年 ImageNet 挑战大赛取得优异表现后，逐渐被人们所熟知。如图 1.6 所示，深度学习属于机器学习领域中的一个新的研究方向，它强调模型结构的深度构建，通过组合底层特征形成高层语义信息来表示特征或属性，以发现数据的分布式表示。

深度学习起源于人工神经网络，含有多隐层的多层感知器就是一种典型的深度学习结构。多层感知器是将一组输入值映射到输出值的数学函数，由许多简单的函数复合而成，可以理解为不同数学函数的每一次使用都为输入提供了新的表示。如图 1.7 所示，对比传统机器学习，深度学习在整体流程中更加注重端到端的学习过程，直接从原始输入中学习特征和模式，避免了手动特征提取的步骤。因此，深度学习的表达能力更强，效率和精度更高。

图 1.6　人工智能、机器学习、深度学习之间的关系

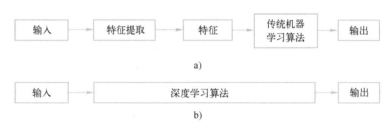

图 1.7　传统机器学习与深度学习之间的对比

a）传统机器学习　b）深度学习

1.3.2　常见的智能视觉感知技术

随着计算机技术的发展，针对深度学习的计算机软、硬件基础设施都有所改善，深度学习模型的规模也随之增长，主要的深度学习网络模型有卷积神经网络（图 1.8）、深度置信网络（图 1.9）、降噪自编码器网络（图 1.10）等。近年来，强大的计算机带领我们进入信息爆炸时代，得益于大规模数据集和更深层网络的训练技巧，深度学习技术已经被成功地应用于计算机视觉领域的各个方向。

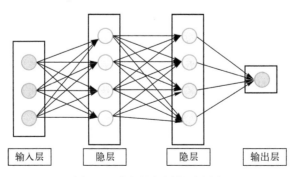

图 1.8　卷积神经网络示意图

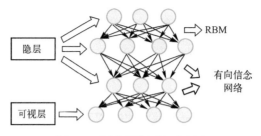

图 1.9 深度置信网络示意图

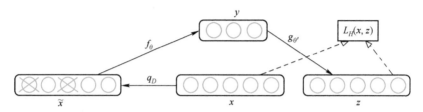

图 1.10 降噪自编码器网络示意图

深度学习是一种能够使计算机系统从经验和数据中进行学习并得到提高的技术。以目标检测为例,其任务的本质是从图像中找到目标物体并定位。由于图像中目标的形态和尺寸不一、数量和位置不固定,使得目标检测成为计算机视觉领域的难题之一。传统的方法采用滑动窗口和图片缩放的方式检测目标,然而这种方法检测效率差、精度低。为了有效解决这些弊端,目标检测研究从基于手工特征的传统算法转向了基于深度神经网络的检测技术。从最初 2013 年提出的 R-CNN、OverFeat,到后面的 Fast/Faster R-CNN、SSD、YOLO 系列,再到2018 年提出的 Pelee。短短几年时间,基于深度学习的目标检测技术,在网络结构上,从two stage 到 one stage,从 bottom-up only 到 top-down,从 single scale network 到 feature pyramid network,从 anchor-based 到 anchor-free;在应用终端上,从面向 PC 端到面向手机端,都涌现出许多优秀的算法及技术,并获得了广泛的实际应用。在本书的第 7 章,将详细介绍深度学习的概念、原理以及应用等。

1.4 智能视觉感知的应用语言与软件

随着智能视觉感知的发展,涌现出了大量的应用语言与软件,其中一些典型的应用语言与软件如下。

1) MATLAB:是一种十分常见的应用数学仿真软件,可以实现矩阵运算、绘制函数曲线、实现算法以及创建用户界面等功能。不同于 C、Java 等适用工程项目的编程语言,MATLAB 强大的图形图像处理能力和交互功能,使其成为广大科学研究人员进行科学验证的主要选择语言之一。

2) Python:是一种面向对象的计算机程序设计语言。它以简便易学、速度快、可移植性强等特点被广泛关注。在图像处理、文本处理、语音处理等领域,均可看见 Python 的身影。特别是在深度学习模型架构方面,Python 语言具有广泛的使用基础。

3) C 语言:是一种抽象化的通用程序设计语言,具有很强的数据处理能力。其具有简洁紧凑、运算符丰富、数据结构严谨、语法限制相对不太严格以及程序设计自由度大等特点，使得 C 语言成为最受欢迎的编程语言之一。

4）OpenCV：全称为 Open Source Computer Vision Library，是一个计算机视觉算法库，提供了支持 Python、MATLAB 等语言的接口，封装了大量图像处理和计算机视觉方面的算法。

1.5　智能视觉感知的应用

人类的主要感官输入来源是视觉系统，人们一直致力于通过人工的方式提升视觉系统能力。眼镜、望远镜、雷达、红外线传感器和光电倍增器等设备都有助于提升人类对世界和宇宙的观察能力。计算机成为通过这些设备创建人类能看见的图像的必备工具。随着人类生产、生活需求的不断提高，智能化、视觉化的解决方案也越来越广泛地应用于工业生产、医疗和军事等领域，智能视觉感知已经成为各国研究者关注和研究的热点。作为人工智能领域一个非常重要的分支，智能视觉感知以图像处理技术、信号处理技术、概率统计分析、计算几何、神经网络、机器学习和计算机信息处理理论、方法与技术等为基础，让计算机具有通过二维图像认知三维环境信息的能力。

目前，智能视觉感知在理论上和工程应用上都取得了很大的进展，已经成为诸如智能制造、智能手机、工件检验、医疗诊断和军事等领域中各种智能自主系统不可分割的一部分。事实上，伴随着视觉技术在人们日常生产和生活中的深入应用，智能视觉感知系统在人类社会的各个领域已经得到了广泛的应用。比较典型的应用有：

1）基于视觉的自动导航系统。系统通过摄像头采集工作环境图像，分析图像信息以获取导引数据，并将三维图像和运动信息组合起来与周围环境进行自主交互。与传统导航技术相比，基于视觉的自动导航系统具有高度的适用性，得到了广泛应用，如用于物资搬运的导引车系统、汽车自动导航系统、无人驾驶飞机精确制导系统、船舶自动导航系统、智能交通系统等，它们既不需要卫星信号制导，也不需要在路面下埋设感应线圈，同时还具有成本低的优势。

2）人机交互。基于视觉的人机交互能够对人脸、虹膜、指纹等特征进行分析，实现人脸识别、姿态识别、表情识别等功能。作为一种高度自主化的视觉技术可推广到一切需要人机交互的场合，如工业车间人机协作等。

3）医学领域。在医学领域，智能视觉感知用于辅助医生进行诊断疾病。通过医学影像设备得到生物组织图像，如细胞显微图像、X 射线透视图、磁共振图像、CT 图像等，然后进行图像预处理、分割、特征提取和分类，为医生诊断提供关键信息。此外，智能视觉感知还可用于各类体育运动分析、人体测量、食品和农业等领域。

总而言之，智能视觉感知的应用是多方面的，随着该学科研究与开发的不断深入，将会被更广泛地应用于各种场合。智能视觉感知系统研究的蓬勃发展不仅能够在工程实践上提供新的思路和方法，而且在理论上将极大地促进多学科的交叉渗透和融合发展，具有重要的现实意义和理论价值。

但是我们也应该看到，智能视觉感知距离真正的人类"智能"还有一定的差距。在很多视觉任务中，其精准度远未达到人类水平，如目标检测、场景理解等领域，机器依然无法像人一样自如地分析与理解,这使得在未来很长的一段时间内,智能视觉感知仍然成为学术界不断探索、不断研究的方向之一。

1.6 内容安排

本书共 8 章,下面对本书内容进行简要概括:

第 1 章是绪论,概括了智能视觉感知技术的总体情况,包括对于人类视觉的研究以及计算机视觉的概念,并介绍了当下在人工智能领域热门的深度学习技术,同时介绍了在进行模拟实验时所需要的计算机环境。在本章的最后介绍了深度智能感知技术所面临的问题。

在智能视觉感知领域,预处理是一个非常关键的阶段,它甚至能够决定后续图像处理的质量。第 2、3 章主要介绍了图像的预处理技术,其中,第 2 章从硬件角度出发,具体介绍了图像的生成过程,包括光线感测、成像设备、摄像机标定以及传感器相关的内容。而第 3 章主要集中在成像后对图像内容的处理,这是因为在图像生成、压缩、传输过程中难免造成质量损失或者为了适应一些特殊的智能视觉感知任务,需要对图像内容进行预处理。第 3 章详细列举了灰度级映射、去噪声、图像平滑以及边缘检测等经典预处理手段。

图像特征在众多领域都有着非常重要的作用,目前对特征并没有一个准确的定义,它主要由具体的问题或应用决定。第 4 章对图像的颜色和纹理进行分析,从颜色物理学开始阐述,分别介绍了几种常见的基色系统,对产生明暗的情况进行分析,对图像纹理进行描述,并阐述了如何测量纹理测度以及纹理分割的算法分类及特点。

第 5~7 章主要从智能角度介绍了图像内容理解的相关技术。其中,第 5 章列举了一些图像分割常见的方法。第 6 章主要从三维角度去理解图像内容的本质。第 7 章则介绍了目前人工智能领域最为流行的深度学习技术,包括深度神经网络的原理、结构及其与机器学习技术的联系与区别。

定位与地图构建在目前人工智能领域有着举足轻重的地位,它可以广泛应用到机器人灾难救援方面。第 8 章介绍了视觉 SLAM(定位与地图构建)相关的具体概念、原理等。

总体来说,本书涵盖了智能视觉感知技术相关的各个方面,既包括基本原理也包括当前流行的前沿技术。更重要的是,考虑到智能视觉感知是一门多领域交叉的综合学科,本书还涉及了多个重要领域,如图像处理、模式识别、机器视觉等。相信本书一定能让读者对于智能视觉感知技术有一个更加清晰和详细的认识与理解。

1.7 本章小结

本章总览了智能视觉感知技术的背景,包括人类视觉研究、计算机视觉概念以及深度学习技术;还介绍了进行模拟实验所需的计算机环境,并探讨了深度智能感知技术所面临的挑战。在追求技术进步的同时,我们应该关注人工智能技术对社会的影响。重视伦理、隐私保护,以及技术发展对就业和社会结构的影响,是建立健康、可持续的人工智能社会至关重要的一部分。

习题

1. 人眼成像的特点是什么？
2. 计算机视觉研究的关键技术有哪些？
3. 计算机视觉和图像处理的区别和联系是什么？
4. 深度学习与浅度学习的区别和联系是什么？
5. 典型的智能视觉感知技术有哪些？
6. 智能视觉感知的常用应用语言是什么？
7. 智能视觉感知的应用有哪些？

第 2 章　图像生成与表示

人类获取信息可以通过听觉、触觉、味觉、嗅觉和视觉等多种方式，但绝大部分是来自视觉所接收的图像信息。作为传递信息最多的感官之一，它比其他任何感官都显得更为重要。图像处理是指将模拟的图像信号转换成离散的数字信号并利用计算机对其进行处理的过程。其输入是原始图像，输出则是改善后的图像或者从图像中提取出的一些特征，以提高图像的实用性，从而达到人们所要求的预期结果。因此，图像处理在智能视觉感知领域具有广泛的研究和应用。本章将对图像如何生成以及如何表示的相关知识进行阐述。

2.1　不同性质的电磁波

人眼能感测到的光波范围为 380~780 nm，而常见的 CCD 传感器能够感测大于 800 nm 的红外波长。有的设备能检测到波长较短的 X 射线，也有些设备能检测无线电长波。不同波长的辐射光具有不同的性质，下面介绍几种不同性质的电磁波。

1）X 射线：又称为伦琴射线，是一种波长极短、能量很强的电磁波。X 射线的波长比可见光的波长更短，但它的光子能量比可见光的光子能量大几万至几十万倍。X 射线具有很高的穿透本领，能穿透许多对可见光不透明的物质，如墨纸、木料等。这种肉眼看不见的射线可以使很多固体材料发出可见的荧光，使照相底片感光以及产生空气电离等效应。最常用的 X 射线应用是医学诊断。在 X 射线成像技术中，数字图像可以通过以下方法获取：X 射线穿过患者身体后直接落到成像靶；该装置把 X 射线再转换为光信号；光信号形成数字图像。X 射线除了应用于医学领域外，还被广泛用于生活中的各个方面。如图 2.1 所示，X 射线被用于检查旅客的行李中是否带有危险品。当包裹通过机器时，屏幕上就会显示出包裹里的物品，防止乘客携带危险品上飞机，以保证旅客的人身安全。另外，在工业上 X 射线也

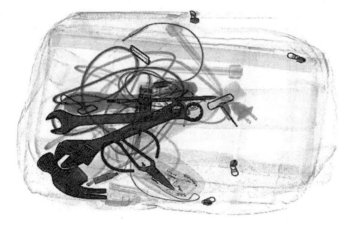

图 2.1　利用 X 射线检测行李中的危险品

有相当大的作用，可以用来做工业探伤，也就是用来检查生产出来的工业产品有没有砂眼、裂纹、瑕疵等容易被人类忽略的问题，从而提高工业产品质量。

2）红外线：其频率介于微波与可见光之间，波长为 $0.75 \sim 1000 \, \mu m$，是众多不可见光线的一种。

红外线根据波长大小还可以分为近红外线（波长 $0.75 \sim 2.5 \, \mu m$）、中红外线（波长 $2.5 \sim 25 \, \mu m$）以及远红外线（波长 $25 \sim 1000 \, \mu m$），如图 2.2 所示。由于红外线的波长较长，具有更高的穿透能力，可以穿透雾、霾、云层等的遮挡。正是由于其透过云雾能力比可见光强，红外探测器可以探测到可见光难以观测的区域。因此，红外线设备在通信、探测、医疗、军事等方面均有广泛的用途。例如，在医学领域，利用红外线治疗患者的骨关节炎疼痛及关节活动受限等病痛。这是根据红外线照射表浅组织产生温热效应后，通过热传导增加深部组织的温度，使组织血管得到扩张、血流加快，并降低神经兴奋，因而有利于改善组织循环、促进组织水肿的吸收及炎症的消散，发挥镇痛、解痉的作用。

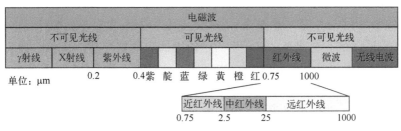

图 2.2　电磁波波长排序示意图

3）无线电波：无线电波是指在自由空间（包括空气和真空）传播的射频频段的电磁波。其频率为 $10 \, kHz \sim 30 \, GHz$，波长为 $30000 \, m \sim 10 \, \mu m$。由于它是由振荡电路的交变电流而产生的，可以通过天线发射和吸收，故称为无线电波。无线电波的波长越短、频率越高，相同时间内传输的信息就越多。如今，无线电波应用于多种移动通信、无线电广播以及卫星导航等（图 2.3）。其中，移动通信是无线电技术应用最广泛的领域，并保持强劲发展势头。无线通信在现代通信中占据着极其重要的位置，几乎任何领域都使用无线通信，包括商业、气象、金融、军事、工业、民用等。无线电广播通信技术是一项具有潜力的新型通信技术，发展前景广阔，无论是信息传输效率还是传输的稳定性都已经超越有线传输技术。

多重优势使无线电广播通信技术在我国得到广泛应用。然而电磁干扰以及不同频率的信号干扰会让无线电广播的信号传输受到阻碍，导致无线电广播无法正常运行，因此必须从实际情况出发对其进行科学防范处理。2020 年，国家无线电管理机构聚焦 5G、工业互联网等新基建发展，截至 2023 年年底，我国 5G 基站总数达到 337.7 万个。通过 5G 专用网络，某5G 民用航空智慧工厂可连接百万级生产要素，某煤矿实现了矿井无人化、自动化、可视化运行。2020 年 7 月 23 日，在工业和信息化部的频率协调保障下，我国首个火星探测器"天问一号"成功发射升空。

4）紫外线：自然界中紫外线的主要光源是太阳，从图 2.2 可以看出，紫外线的波长小于可见光的波长，根据波长的不同，紫外线可以分为低频长波（UVA 波段，波长 $400 \sim 320 \, nm$）、中频中波（UVB 波段，波长 $320 \sim 280 \, nm$）、高频短波（UVC 波段，波长 $280 \sim$

图 2.3　无线电波发射装置

100 nm)、超高频 (EUV 波段,波长 100 nm~10 nm) 四种。皮肤受到紫外线灯照射后会产生生理变化,如皮肤暗沉、老化等。日常生活中使用的防晒霜产品,其 SPF 值表示对 UVB 的抵抗能力,PA 指数表示对 UVA 的防御能力。图 2.4 是紫外线杀菌灯,在医学上利用紫外线消毒以及紫外线的生理作用来治疗皮肤病和软骨病。在农业上的灯光诱杀利用的是昆虫对紫外线光敏感这一特性。在高压电力设备的维护中利用紫外线成像仪来分析评价当前设备状况,减少高压设备发生故障造成的重大损失。在刑事侦查上,勘察人员利用紫外图像观察照相系统直接提取现场的指纹,和传统的指纹提取方法相比,此系统不需要暗室环境、不需要粉末和染色等步骤,提高了现场勘查取证的效率。

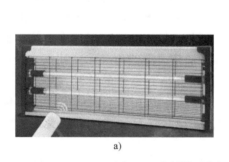

a)

b)

图 2.4　紫外线杀菌灯
a) 紫外线消毒灯　b) 移动式杀菌灯

2.2　成像设备

随着数字成像技术的发展和移动智能设备的普及,数字图像已经成为人们生活中的重要信息媒介,在军事、司法、新闻、社交、艺术等多个领域中扮演越来越重要的角色。产生数字图像的设备有很多种,它们的检测原理和机电设计各有不同。本节将介绍几种常见的成像设备,并对它们的主要功能和概念进行阐述。

2.2.1 CCD 相机

CCD（Charge Coupled Device）相机是指利用电荷耦合技术制作的成像设备。被摄物体的图像经过镜头聚焦至 CCD 芯片上，CCD 根据光的强弱积累相应比例的电荷。成像平面类似于一个数字存储器，能通过计算机逐行读出所存储的信息。图 2.5 显示了 CCD 相机的内部工作流程。

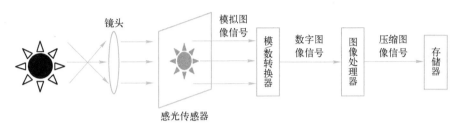

图 2.5　CCD 相机内部工作流程示意图

如果一幅数字图像是 300 行、300 列的，每个像素的灰度值占一个字节，则会产生 90000 字节的存储阵列。如今，数字相机自身带有存储功能，能存放一定帧数的图像，可以直接将这些图像输入计算机中进行处理。图 2.6 展示了数字相机的系统结构。其中，帧缓存区是整个系统的核心部件，可以高速存储图像。一幅图像经过转换后，其数字形式就存储在帧缓存区内，并可以通过显示处理器进行显示，各类机器视觉算法也可以对帧缓存区内的图像进行相应处理。目前，CCD 相机是宇航、遥感、制导、预警以及天文探测等军事及科研领域中不可缺少的重要设备。

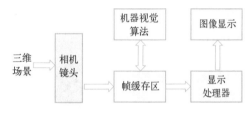

图 2.6　数字相机系统结构示意图

2.2.2 视频摄像机

随着科技的不断发展，视频摄像机在视频会议、视频监控等方面都有广泛的应用，可为各行业提供清晰的图像资料。视频摄像机除了包含每幅图像或每帧图像的空间特征以外，其记录的图像序列还能表达目标随时间的运动情况。图像序列的各帧之间有分离标记，如今信息爆炸时代，为了减少数据量，经常用到一些图像压缩技术。为了满足人们对高质量图像的追求，视频摄像机图像分辨率不断地突破现有标准清晰度的显示模式和显示能力。目前高清视频摄像机分辨率一般在 1080P 以上，它将光信号转化为数字信号，然后利用数字信号处理技术压缩与处理图像，并利用 Internet 输出数字压缩视频。随着高清视频技术的不断发展，视频摄像机极大方便了人们的生活，为各种电话会议、远程医疗、偏远地区的远程教育等方面提供了便利。随着 5G 网络技术的不断发展，高清视频摄像机将更加广泛地为人们提供清晰的视频资料。

2.2.3 多光谱成像设备

多光谱成像技术全称为多通道光谱成像技术。首先利用目标物体在不同窄光谱带上所辐射或反射的信息，对各个谱段进行成像分析，然后通过算法搜索这些单光谱图像之间的差异并将它们组合起来，从而得到在白光下无法检测到的细节。目前对多光谱成像的研究与应用主要集中在遥感技术方面。多光谱成像探测技术是伴随着遥感技术的出现而开始应用的，从20世纪60年代起多光谱成像探测技术就开始应用于地球资源卫星和军事卫星，随着技术的不断发展出现了各种多光谱成像探测设备，如多镜头型、多相机型和光束分离型等，这些设备可以综合利用地物光谱特征识别地物的具体情况，从而有效扩大了遥感的信息量。此外，利用多光谱成像技术分析彩色艺术品，可以显示出画稿表面的水渍痕迹和底稿信息；作为一种无损、高效的信息获取方法，多光谱成像技术在文物研究领域具有广阔的应用前景。

2.2.4 光场相机

光场可描述空间中任意一点上任意方向的光线强度。从结构上划分，采集光场的方式有多相机光场采集成像和单相机光场采集成像两种方式。

其中，多相机光场采集主要基于合成孔径成像技术。合成孔径成像原理简而言之就是当瞳孔的孔径远大于障碍物的空间尺寸时，从目标物体上发出的光线可以很容易地绕过障碍物进入人眼。该技术利用易制造的小孔径组合成大孔径光学系统，从而可以看清被遮挡物体的表面。图 2.7 和图 2.8 所示的是斯坦福大学相机阵列的实验结果。

图 2.7　普通相机拍摄到的画面　　　　图 2.8　合成孔径相机拍摄到的画面

传统相机在对多目标物体进行拍摄时，焦点往往在中心物体上，导致其他目标物体由于景深浅而缺失细节，通常使用调小光圈的办法来使景深变大，但是在光线不好的条件下小光圈会导致曝光不足。单相机光场采集成像技术的一个很重要的应用是通过一次曝光对所获得的照片进行数字重聚焦，其原理（图 2.9）是在普通相机主镜头焦距处加微透镜阵列实现记录光线，再通过后期的算法实现数字变焦。与传统成像方式相比，光场成像不仅包含了光强度信息，还包含光的方向和位置信息，从而可以还原出更加丰富的图像。基于这一原理，2005 年斯坦福大学研制了 Lytro 手持式光场相机（图 2.10），其具有"先拍照，后对焦"的特点。

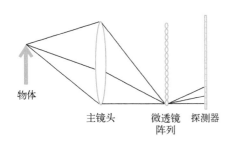

图 2.9　单相机光场采集成像原理图　　　　图 2.10　Lytro 公司研发的手持式光场相机

2.3　数字图像

图像是人类获取和交换信息的主要来源，因此，图像处理的应用领域必然涉及人类生活和工作的方方面面。数字图像的产生和迅速发展主要受三个因素的影响：一是计算机的发展；二是数学的发展（特别是离散数学理论的创立和完善）；三是农牧业、林业、环境、军事、工业和医学等方面对数字图像应用需求的增长。如今，数字图像正在向处理算法更优化、处理速度更快、处理后的图像更清晰的方向发展，从而实现图像的智能生成、处理、识别和理解。

2.3.1　数字图像的定义

图像是人类生活体验中最重要、最丰富的部分。虽然大多数人知道一幅图像是什么，但到目前为止，对图像仍然没有一个精确的定义。从广义上讲，图像是自然界景物的客观反映，是人类认识世界、感知世界和认识人类本身的重要源泉。人类的视觉系统是一个观测系统，通过它得到的图像就是客观景物在人眼中形成的影像。因此图像信息不仅包含光通量分布，而且包含人类视觉的主观感受。

由于计算机只能处理数字而非模拟的信息，因此，若想利用计算机处理图像，必须将其转换为数字形式（图 2.11）。一旦图像数字化后，后续的处理都可以利用计算机进行解决。由此可知，数字图像的重要性也就不言而喻了。数字图像的定义如下：一幅图像可以定义为一个二维函数 $f(x,y)$，其中，x 和 y 是空间（平面）坐标，而任何一对空间坐标 (x,y) 处的值 f 称为图像在该点处的强度或灰度。当 x、y 和 f 是有限的离散值时，称该图像为数字图像。值得一提的是，数字图像是由有限数量的元素组成的，每个元素都有一个特定的位置和值。而这些元素称为图像元素或像素。

数字图像一般有两种常用的表示方法。

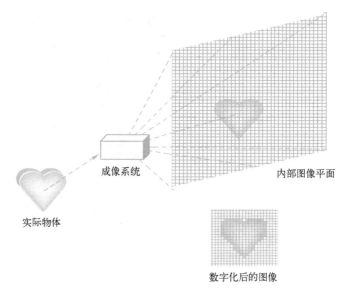

实际物体　　成像系统　　内部图像平面

数字化后的图像

图 2.11　物理图像及其对应的数字图像

（1）灰度图像的阵列表示法

灰度图像是指每个像素的信息由一个量化的灰度级 G 来描述。假设连续图像 $f(x,y)$ 按等间隔采样，排成 $M×N$ 矩阵，记作 F，如图 2.12 和式（2.1）所示。

$$F = \begin{bmatrix} f(0,0) & f(0,1) & \cdots & f(0,N-1) \\ f(1,0) & f(1,1) & \cdots & f(1,N-1) \\ \vdots & \vdots & & \vdots \\ f(M-1,0) & f(M-1,1) & \cdots & f(M-1,N-1) \end{bmatrix} \tag{2.1}$$

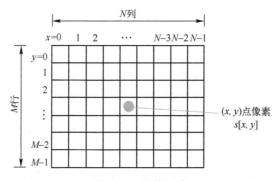

图 2.12　图像矩阵

在数字图像中，一般取灰度级 G 为 2 的整数幂，即 $G=2^M$。对 N 的取值没有过多要求，正整数即可。

（2）二值图像表示法

为了减少计算量，常将灰度图像转化为二值图像。所谓二值图像就是只有黑、白两个灰度级，没有中间的过渡，即像素灰度级非 1 即 0。图 2.13 显示的是同一场景下的灰度图像与二值图像的视觉效果对比。

a)　　　　　　　　　　　　　　　b)

图 2.13　灰度图像与二值图像的对比图

a）原始灰度图像　　b）二值化后的图像

2.3.2　几种不同类型的图像

在计算机中，按照颜色和灰度的多少可以将图像分为二值图像、灰度图像、彩色 RGB 图像和索引图像四种基本类型。目前，大多数图像处理软件都支持这四种类型的图像。

1）二值图像：一幅二值图像的二维矩阵仅由 0、1 构成，"0"代表黑色，"1"代表白色。由于每一像素（矩阵中每一元素）取值仅有 0、1 两种可能，所以计算机中二值图像的数据类型通常为 1 个二进制位。

2）灰度图像：灰度图像矩阵元素的取值范围通常为 $[0,255]$，因此其数据类型一般为 8 位无符号整数（int8），这就是人们经常提到的 256 级灰度图像。"0"表示纯黑色，"255"表示纯白色，中间的数字从小到大表示由黑到白的过渡色。在某些软件中，灰度图像也可以用双精度数据（double）类型表示，像素的值域为 $[0,1]$，0 代表黑色，1 代表白色，0~1 之间的小数表示不同的灰度等级。二值图像可以看成灰度图像的一个特例。

3）彩色图像：又称为 RGB 图像，分别用红（R）、绿（G）、蓝（B）三原色的组合来表示每个像素的颜色。RGB 图像每一个像素的颜色值（由 RGB 三原色表示）直接存放在图像矩阵中，由于每一像素的颜色需由 R、G、B 三个分量来表示，M、N 分别表示图像的行列数，三个 $M×N$ 的二维矩阵分别表示各个像素的 R、G、B 三个颜色分量。

4）索引图像：索引图像是一种把像素值直接作为 RGB 调色板下标的图像。索引图像可把像素值"直接映射"为调色板数值。一幅索引图包含一个数据矩阵 **data** 和一个调色板矩阵 **map**。**map** 的大小由存放图像的矩阵元素值域决定，如矩阵元素值域为 $[0,255]$，则 **map** 矩阵的大小为 256×3。索引图像一般用于存放色彩要求比较简单的图像，如果图像的色彩比较复杂，就要用到 RGB 图像。

2.4　摄像机标定

在视觉应用中，常常会利用摄像机所拍摄到的图像来还原空间中的物体，因此，摄像机标定对于计算机视觉获取三维空间信息是至关重要的。相机标定结果的好坏直接影响着三维测量的精度以及三维重建的结果。

2.4.1　摄像机标定的概念和意义

通过摄像机的成像系统将空间三维信息转换成二维信息，例如，用数码摄像机或者 CCD 面阵相机拍照得到二维的图像，然后通过二维图像特征信息来理解或恢复三维信息。无论需要完成哪种任务，首先必须要解决的就是二维图像平面和三维空间点之间的对应关系问题。假设摄像机所拍摄到的图像与三维空间中的物体之间存在以下简单的线性关系：[像]=I[物]，这里矩阵 I 可以看成摄像机成像模型，而 I 中的参数就是摄像机参数。通常这些参数通过实验与计算求得，该过程称为摄像机标定。

一旦确立了这种对应关系，就可以通过二维图像点推测出三维空间坐标点的位置信息；或者相反，可以通过三维空间点推测出二维图像点的位置信息。在摄像机标定完成以后，就可以使用摄像机对需要计算机识别的场景进行拍摄，从而获取样本图像以作为完成后续任务的基础。由此可见，摄像机标定在计算机视觉研究领域具有无可替代的作用，是计算机视觉任务得以实现的前提和基础。

2.4.2　摄像机标定分类

计算机视觉技术已经诞生了半个世纪，各种不同的摄像机标定方法也相继涌现。摄像机标定方法主要分为传统法、自标定法和主动视觉法，下面从一般意义上对不同类别标定法中比较典型的方法进行介绍与分析。

1. 传统摄像机标定方法

一般来说，传统的相机标定需要一定的实验条件，例如，一个形状规则且几何信息已知的标定模板。通过对一幅以上图像特征点的提取与处理，利用一系列数学变换和计算方法，建立标定物与拍摄图像之间的约束关系，形成关于摄像机参数的标定方程，从而求取摄像机模型的内部参数和外部参数。比较典型的方法有最优化标定方法、考虑畸变影响的两步法和利用摄像机透视变换矩阵的标定方法等。

2. 自标定法

自标定法是指摄像机在未知场景沿任意方向运动时完成相机标定。其最大的优势在于不需要特定模板来进行标定，对环境有很强的适应性。可以利用环境的刚体变换，通过对比分析多幅图像中的对应点来获取摄像机参数。常见的摄像机自标定法可以分为基于绝对二次曲线的自标定法、基于绝对二次曲面的自标定法、分层逐步标定法和其他改进的摄像机自标定技术等。

3. 主动视觉法

摄像机需要被精准地固定在控制平台上，利用其可控制的运动参数和图像来求解相机的内部参数和外部参数，完成标定。常见的方法有摄像机做纯旋转运动的标定方法和基于三正交平移运动的标定方法等。

2.4.3　摄像机成像坐标系

在计算机视觉中，利用摄像机模型将三维空间点与二维图像点联系起来的摄像机模型有很多种，一般分为线性模型（针孔模型）和非线性模型。为了直观地描述摄像机成像的具体过程，需要定义四个坐标系，分别是世界坐标系、摄像机坐标系、图像像素坐标系和图像物理坐标系。

1. 世界坐标系（Word Coordinate System）

世界坐标系是指客观世界的绝对坐标，又称真实坐标系或现实世界坐标系。由于摄像机和物体可以放置在空间环境中的任何位置，因此需要在环境中选择一个基准坐标系来描述摄像机的位置，并用它来描述环境中其他任何物体的位置。图 2.14 中世界坐标系的原点是 O_W，而 X_W、Y_W、Z_W 轴并不是与其他坐标系平行的，而是有一定的角度，并且有一定的平移。

2. 摄像机坐标系（Camera Coordinate System）

如图 2.14 所示，固定在摄像机上的直角坐标系，以摄像机镜头的光心 O_C 为原点，X_C 轴和 Y_C 轴与图像平面平行，Z_C 轴与图像平面垂直，并与光轴重合。Z_C 轴与图像平面的交点在图像坐标系上的坐标为 (u_0, v_0)，称为摄像机的主点坐标。一般情况下，该点位于图像平面几何中心的位置。但实际情况下，有时会产生偏差。因此，摄像机的主点坐标是摄像机需要标定的两个参数之一。而摄像机镜头光心和主点之间的距离就是摄像机的焦距。

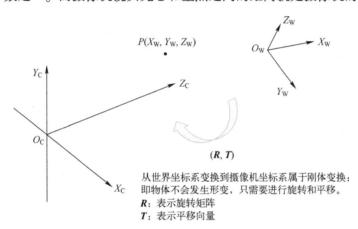

图 2.14　世界坐标系与摄像机坐标系之间的相互转换

图 2.14 表示了世界坐标系和摄像机坐标系之间的相互转换关系。空间坐标点 P 的世界坐标为 (X_W, Y_W, Z_W)，摄像机坐标系下的摄像机坐标为 (X_C, Y_C, Z_C)，两者之间的转换可以利用一个 3×3 的旋转矩阵 R 和一个 3×1 的平移向量 T 来表示，通过刚体变换将世界坐标系转换到摄像机坐标系，具体转换关系的数学表示为

$$\begin{bmatrix} X_C \\ Y_C \\ Z_C \end{bmatrix} = R \begin{bmatrix} X_W \\ Y_W \\ Z_W \end{bmatrix} + T \tag{2.2}$$

$$R = \begin{bmatrix} r_{11} & r_{12} & r_{13} \\ r_{21} & r_{22} & r_{23} \\ r_{31} & r_{32} & r_{33} \end{bmatrix}, \quad T = \begin{bmatrix} t_1 \\ t_2 \\ t_3 \end{bmatrix} \tag{2.3}$$

需要注意的是，R 与 T 的参数只与摄像机在三维空间的摆放位置或者与摄像机标定模板的相对位置有关，与摄像机本身参数无关。因此，由 R 与 T 共同构成的矩阵为摄像机的外

部参数矩阵，构成该矩阵的元素为摄像机的外部参数。这些参数随着摄像机的位置或者标定物的位置变化，因此也是摄像机标定过程中需要求解的部分参数。

3. 图像像素坐标系（Pixel Coordinate System）

如图 2.15 所示，在图像上定义以像素为单位的图像像素坐标系 $uO'v$，其原点位于图像左上角，并且图像像素坐标系的 u 轴和 v 轴分别平行于图像物理坐标系的 x 轴和 y 轴，图像像素坐标系只表示像素位于数组中的列数和行数，并没有用物理单位表示出该像素在图像中的具体位置。因此，还必须定义一个图像物理坐标系来描述像素在图像平面的具体位置。

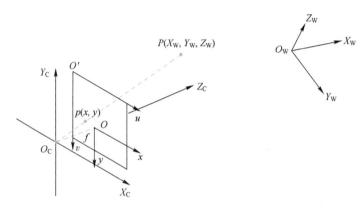

图 2.15　图像像素坐标系和图像物理坐标系

4. 图像物理坐标系（Retinal Coordinate System）

图像物理坐标系 xOy 的原点是指光轴与成像平面的交点。根据图 2.15 可知，图像物理坐标系的 x 轴和 y 轴分别平行于摄像机坐标系中的 X_C 轴和 Y_C 轴。图像物理坐标系描述的是图像像素点在图像平面的具体位置。图像物理坐标系与图像像素坐标系之间的转换关系如下：

$$\begin{cases} u = \dfrac{x}{d_x} + u_0 \\ v = \dfrac{y}{d_y} + v_0 \end{cases} \tag{2.4}$$

式中，d_x、d_y 分别表示图像平面在 x、y 方向上单位像素间的距离，单位为 mm。

2.4.4　摄像机成像模型

在介绍了各个坐标系、坐标系之间的转换关系以及坐标系中数据的意义后，下面对两种摄像机成像模型进行阐述。

1. 摄像机线性模型

一般情况下，在摄像机成像过程中都是采用针孔模型来近似表示摄像机成像的线性过程。即假设图像平面上所有的点和对应世界坐标点均满足透视投影关系，光心的位置为空间点与图像平面的交点位置，即在图像平面的几何中心处。根据透视投影原理，可以将摄像机坐标系下的点投射到图像平面上，而摄像机坐标系下的点又与世界坐标系下的点相互联系。

通过透视投影可以将摄像机坐标系下的点 P 投影到图像平面，数学表示为

$$\begin{cases} x = f \dfrac{X_C}{Z_C} \\[3mm] y = f \dfrac{Y_C}{Z_C} \end{cases} \tag{2.5}$$

式中，(x, y) 为图像物理坐标，单位为 mm；f 为摄像机的焦距，单位为 mm；(X_C, Y_C, Z_C) 为摄像机坐标，单位为 mm。也可以利用齐次方程进行表示：

$$Z \begin{bmatrix} x \\ y \\ z \end{bmatrix} = \begin{bmatrix} f & 0 & 0 & 0 \\ 0 & f & 0 & 0 \\ 0 & 0 & 1 & 0 \end{bmatrix} \begin{bmatrix} X_C \\ Y_C \\ Z_C \\ 1 \end{bmatrix} \tag{2.6}$$

经过一系列数学变换就可以将世界坐标系下的点转换到二维的图像平面，从而推测出空间点 P 直接映射到图像平面的具体转换过程为

$$\begin{aligned} Z_C \begin{bmatrix} u \\ v \\ 1 \end{bmatrix} &= \begin{bmatrix} \dfrac{1}{d_x} & 0 & u_0 \\[2mm] 0 & \dfrac{1}{d_y} & v_0 \\[2mm] 0 & 0 & 1 \end{bmatrix} \begin{bmatrix} f & 0 & 0 & 0 \\ 0 & f & 0 & 0 \\ 0 & 0 & 1 & 0 \end{bmatrix} \begin{bmatrix} \boldsymbol{R} & \boldsymbol{T} \\ \boldsymbol{0}^T & 1 \end{bmatrix} \begin{bmatrix} X_W \\ Y_W \\ Z_W \\ 1 \end{bmatrix} \\[3mm] &= \begin{bmatrix} f_x & 0 & u_0 & 0 \\ 0 & f_y & v_0 & 0 \\ 0 & 0 & 1 & 0 \end{bmatrix} \begin{bmatrix} \boldsymbol{R} & \boldsymbol{T} \\ \boldsymbol{0}^T & 1 \end{bmatrix} \begin{bmatrix} X_W \\ Y_W \\ Z_W \\ 1 \end{bmatrix} \\[3mm] &= \boldsymbol{M}_1 \boldsymbol{M}_2 \, \overline{X}_W = \boldsymbol{M} \, \overline{X}_W \end{aligned} \tag{2.7}$$

式中，矩阵 $\boldsymbol{M}_1$ 为摄像机的内参数矩阵；矩阵 $\boldsymbol{M}_2$ 为摄像机的外参数矩阵。在摄像机的线性模型中，需要求解的是内参数中 f_x、f_y 以及原点坐标 (u_0, v_0)，外参数需要求解的是旋转矩阵 $\boldsymbol{R}$ 和平移向量 $\boldsymbol{T}$，求解出以上参数后就可以通过式（2.7）得到图像坐标和世界坐标之间的相互关系。

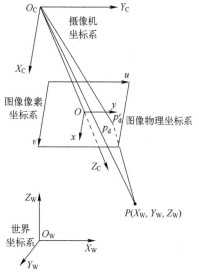

2. 摄像机非线性模型

由于摄像机的镜头在设计、制作、安装时，必然会引起误差，而且针孔模型本身也是对真实摄像机投影模型的一种近似假设。因此，在摄像机成像的过程中必然有畸变误差存在，投影模型的误差情况如图 2.16 所示。造成误差的因素有很多，很难将所有可能的情况都考虑到。为了更好描述空间点与图像平面点之间的非线性关系，可以利用如下模型表示：

$$\begin{cases} x_d = x + \rho_x(x, y) \\ y_d = y + \rho_y(x, y) \end{cases} \tag{2.8}$$

图 2.16　非线性畸变模型

式中，(x_d,y_d) 表示的是实际的图像点坐标，单位为 mm；(x,y) 为线性模型中图像点坐标的理想值，单位为 mm；(ρ_x,ρ_y) 为非线性畸变值，单位为 mm，它包含了引起误差的所有可能情况。

2.5 从二维图像到三维结构

人类既拥有二维图像表征能力，也拥有三维结构表征能力，两者之间可以相互转化。如果二维图像结合了稳定的深度信息，那么它就可以被加工成三维结构。随着计算机视觉研究领域的发展，三维模型的需求日益加大。各领域的研究内容也由原来的二维视觉逐渐发展成如今以三维视觉为主导的相关研究。因此，通过对二维图像的分析实现三维模型恢复是十分重要的技术手段。二维图像为三维场景的透视投影，成像过程记录了三维世界结构和二维图像之间的复杂关系，透视投影模型如图 2.17 所示。

在当今现实生活中，将二维的图像转换为三维结构的需求越来越多。众所周知，医学成像技术能够全面而准确地获得患者的各种定量和定性数据，并作为医学辅助工具和分析手段，为医学诊断、患者的治疗计划、手术以及术后评估等提供正确的数字化信息。但医学影像只能为医生提供人体内部的二维图像，并不能构建一个人体内部的三维图像。例如，在医院整形科的头部整形手术中，由于人体头部的内部结构错综复杂，医生从患者的 CT（计算机断层

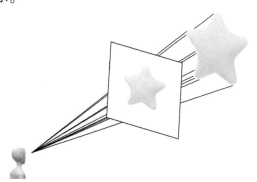

图 2.17 透视投影模型

扫描）或 MRI（磁共振成像）中只能看到平面的图像，只有在通过开颅手术以后，医生才能了解患者头部的内部情况。医生如果在术前无法得到精确的三维图像，就易于在术中造成定位、切割等方面的错误，引起医疗事故。因此，在二维图像的基础上建立一个精确的三维图像模型，全面展示人体部位的解剖结构信息，并进一步提供视觉交互手段，将使医生们做到心中有数，大大提高医学诊断准确率。此外，虚拟现实、机器人导航、地形地貌勘探等领域也需要三维技术的支持。

2.6 其他类型的视觉传感器

传感器是一种检测装置，能感受到被测量的信息，并能将感受到的信息，按一定规律变换为电信号或其他所需形式的信息输出，以满足信息的传输、处理、存储、显示、记录和控制等要求。视觉传感器早已渗透到诸如工业生产、宇宙开发、海洋探测、环境保护、资源调查、医学诊断、生物工程，甚至文物保护等多个领域。可以毫不夸张地说，从茫茫的太空，到浩瀚的海洋，以至各种复杂的工程系统，几乎每一个现代化项目，都离不开各种各样的视觉传感器。本节将再介绍几种常见的视觉传感器。

2.6.1　测微密度计

测微密度计是光谱分析中提供定量测量的仪器。当光线穿过胶片时，由单感光元件传感器记录在某个位置处材料的光密度。通过机械平台精确地移动胶片，直至整个矩形区域被全部扫描为止，从而完成光谱的定量分析。对于 CCD 阵列传感器，由于各感光元件制造上的差异，会对光密度有一定的影响，因此，单感光元件传感器要优于 CCD 阵列。

2.6.2　X 射线

医用 X 射线设备是临床应用比较多见的设备之一，其采用 X 射线作为检测诊断依据，当 X 射线沿着不同方向穿过人体时，得到不同位置的密度数据，然后在数学上构造出 3D 立体密度。与此同时，医学上还可以控制 X 射线，用于对人体组织放射检查和放射治疗的设备，能够帮助医生判断患者具体的病情状况。

2.6.3　磁共振

磁共振，指磁共振成像（Magnetic Resonance Imaging，MRI），是一类利用磁共振现象制成的用于医学检查的成像设备，具有软组织对比度高、多参数成像等特点，因此在临床上应用广泛。由于磁共振成像具有无辐射、分辨率高等优点而被广泛应用于医学领域。例如，德国西门子公司的 1.5T 超导磁共振扫描仪具有神经成像组件、血管成像组件、心脏成像组件、体部成像组件、肿瘤成像组件、骨关节及儿童成像组件等，具有高分辨率、磁场均匀、扫描速度快、噪声相对较小、多方位成像等优点。

2.6.4　三维扫描仪

三维扫描仪是一种可以从实物获取其数学模型的技术，称为逆向工程，其不仅可以感知到物体表面的反射率，而且还可以感知到深度或距离。鉴于三维扫描与建模、空间测绘、滑坡体土方量估算等领域的迫切需求，三维扫描技术应运而生。根据其获取信息的方式可分为接触式和非接触式两类，接触式的测量装置因其直接与物体表面接触，从而造成被测物表面产生变形或损伤，这是该项技术难以克服的技术瓶颈；非接触式主要利用的是计算机视觉原理，从摄像机拍摄到的图像获取目标物体的原始三维信息。目前的三维成像技术主要有双目立体视觉、基于相位成像的全息三维成像、结构光三维成像、偏振三维成像等。

以结构光三维成像技术为例，其成像原理如图 2.18 所示，利用辅助的结构光（按一定规则和模式编码的图像）投射到目标物体的表面，由于物体表面的高度变化导致投射在其表面的结构光图像也产生了相应的形变，带有形变的结构光被相机捕获到，最后通过相机和投影光源之间的位置关系以及结构光发生形变的程度确定被测物体的三维信息。

结构光三维成像技术的一些典型应用有人脸识别、人机交互、场景建模。例如，图 2.19 所示的基于 3D 结构光传感器三维数据的 Face ID，比二维人脸识别技术具有更高的安全性。在人机交互方面，结构光三维成像技术应用于 AR、VR 等领域，3D 场景建模在文物景观数字化等领域也逐渐被广泛应用。

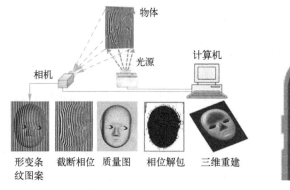

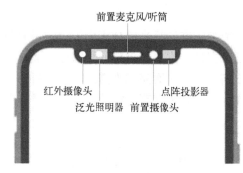

图 2.18　结构光三维成像技术原理图　　　图 2.19　装载结构光传感器的智能移动设备

2.7　本章小结

本章深入解析了图像的生成过程，包括光线感测、成像设备、摄像机标定等硬件相关内容，为后续图像处理提供基础。基于硬件的深度学习加速器（如 GPU、TPU）的发展为图像处理提供了更快的计算速度，推动了计算机视觉和图像处理领域的快速发展。

习题

1. 不同波长的电磁波都有哪些特性？请列出常见的三种。
2. 典型的成像设备有哪些？
3. 典型的摄像机标定方法有几种？
4. 摄像机线性模型的特点是什么？
5. 摄像机非线性模型的特点是什么？
6. 典型的视觉传感器有哪些？
7. 结构光三维视觉成像的原理是什么？

第3章 图像滤波与增强

图像滤波与增强方法可以提高图像的视觉效果，同时有利于进一步的计算机处理。图像的滤波方式包括：①从大的均匀区域中去除孤立的像素点；②利用反差算子增强图像中不同目标的边界，即提高目标和背景的对比度。而图像增强通常包括减少图像中的噪声以及增强或抑制图像中的某些细节。

本章研究的主要目的是提取图像中感兴趣的信号或结构，同时去除不感兴趣的干扰信号或结构。将图像中的像素点标记为目标点或者背景点、边界点以及非边界点后，图像运算时，可以针对单个像素点或者局部邻域进行处理。多数图像处理方法都是根据输入图像对应像素的邻域计算输出图像的像素值。但有些图像增强方法是全局性的，即根据输入图像的所有像素计算输出图像。这种图像增强方法包含两个重要的概念：①相关（Correlation），滤波器模板移过图像并计算每个位置乘积之和；②卷积（Convolution），将模板旋转180°之后再执行滑动乘积求和操作。

3.1 图像处理

图像作为一种人类获取和交换信息的媒介，在人类生活和工作的方方面面都起着重要的作用，同时人类活动范围的不断扩大导致图像处理领域也变得越来越丰富。数字图像处理（Digital Image Processing）又称为计算机图像处理，它是指应用计算机对已有的数字图像进行合成、变换等操作，得到一种新的图像效果同时将新图像输出的过程。数字图像处理起源于20世纪20年代，60—70年代随着计算机技术与数字电视技术的普及而迅速发展，并在80—90年代才形成独立的科学体系。

随着时代的发展，数字图像处理技术的应用越来越广泛，小至个人的生活、工作，大到宇宙探测和遥感技术的应用，数字图像处理技术是其他任何技术都无法替代的，它将独立占有一席天地。

在对图像进行处理前，首先要明确存在哪些问题需要进行图像处理。以下是图像处理主要解决的两大类问题。

3.1.1 改善图像质量

拍摄照片时，当太阳位于被摄物体的后方，会使得照片的光线过暗。通过增加低亮度像素点的亮度，保持高亮度点亮度不变，照片的质量就可以得到改善。

在拍摄的照片中，有时会出现一些白色划痕，但其他部分完好无损，这时可以将照片转换成数字图像，利用相关算法将划痕去除。

在对纸质文档进行扫描时，需要将扫描得到的纸质文本中的噪声点去除，以便对字符进行识别，同时还需要对丢失的字符信息进行填充。

3.1.2 检测低层特征

3 mm 电线的生产中，要采用视觉传感器测量电线直径的反馈信息，然后利用边缘算子准确地识别出电线和背景之间的边界，确定电线的轮廓。

在一些大学生创新竞赛中，汽车自动驾驶系统通常通过在前视摄像机拍摄的视频帧中找到对比度相反、方向相同的两条边线，进而检测出两条边线，从而实现自动驾驶。

进行图纸设计时，需要将手绘设计图纸转换为 CAD（计算机辅助设计）模型，手绘图纸上的直线通常被转化为一个像素宽的暗条纹。

3.2 灰度级映射

灰度图（Gray Scale Image），又称灰阶图。把白色与黑色之间按对数关系分为若干等级，称为灰度级。灰度级数通常是 2 的整数幂，在每个像素采用 8 位数据表示的 8 bit 图像中，其灰度可被量化为 256 级。图像函数 $f(x,y)$ 是图像的一种数学表示方法，它是两个空间变量 x 和 y 的函数。x 和 y 是实数，表示图像上某点的横、纵坐标值。$f(x,y)$ 通常也是实数，表示图像在 (x,y) 点处的强度（灰度）值。其中，灰度图像是单色数字图像 $I[r,c]$，每个像素点只有一个强度值。

3.2.1 亮度调整

改变像素的亮度值对图像进行增强是图像增强常用的一种方法。目前大多数图像处理软件工具中都包含几种改变图像视觉效果的方式，它们的主要处理过程是借助函数变换将输入的像素灰度值映射成一个新的输出值。例如，通过幂次函数进行变换的公式为

$$s = Cr^{\gamma} \tag{3.1}$$

式中，r 为输入灰度值；s 为输出灰度值；C 和 γ 为正常数。图 3.1 所示分别为 γ 取 0.5 和 10 时的灰度变化示意图。当 $0<\gamma<1$ 时，扩展暗处的灰度值，图像变亮，获得暗处细节；当 $\gamma>1$ 时，用更多的灰度值来表达图像中较亮的部分，图像变暗，获得亮处细节。

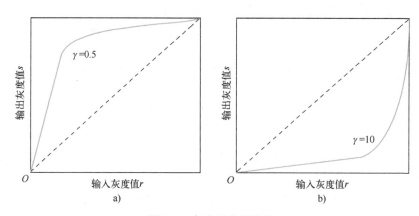

图 3.1 灰度变化示意图

a）γ=0.5 灰度映射函数　b）γ=10 灰度映射函数

图 3.2 说明了一幅图像的亮度值被两个不同的映射函数扩展的结果。图 3.2a 所示为原图。图 3.2b 表示采用函数 $s=r^{0.5}$ 的亮度映射。从图中可以看出，映射函数对所有亮度值进行非线性放大，低亮度像素点的放大程度大于高亮度像素点。图 3.2c 表示采用函数 $s=r^{10}$ 的亮度映射，将暗处细节压缩，放大亮处细节，图片变得更暗了。

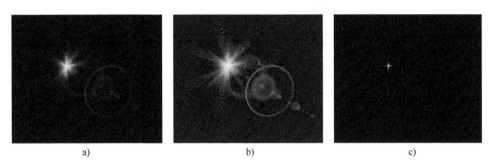

a)　　　　　　　　　　　　　b)　　　　　　　　　　　　　c)

图 3.2　γ 取不同值时的图像示意图

a）原图　b）采用 $s=r^{0.5}$ 的亮度映射　c）采用 $s=r^{10}$ 的亮度映射

图像点算子（Point Operator），其输出像素仅由输入像素决定，$Out\{x,y\}=f(In\{x,y\})$，函数 f 可能依赖于全局性的参数。

对比度扩展（Contrast Stretching）算子是一种点算子，利用输入灰度的分段光滑函数 $f(In\{x,y\})$ 来增强图像的重要细节。

图像点算子运算过程是将一个输入像素映射到一个输出像素，所以可以按像素的任意顺序映射一幅图像，或并行映射各个像素。在图像处理领域，特殊亮度映射包括式（3.1）中的非单调映射，且在图像增强中非常有用。但在放射学领域中，不能改变有意义的亮度值，处理过程中必须谨慎，因为这些值是经过专家和精密传感器仔细校正好的。最后单调灰度级扩展（当灰度级 $g_2>g_1$ 时，$f(g_2)>f(g_1)$）对于有些机器视觉算法的性能提高可能不明显，但对于人类视觉，这种增强效果仍是很明显的。

3.2.2　图像求反

灰度图像求反又称为灰度反转，是指对图像灰度范围进行线性或非线性取反，产生一幅与输入图像灰度相反的图像。设灰度有 L 个等级，原始灰度级用变量 d 表示，其变化范围为 $[0,L-1]$，根据图 3.3 所示的线性反转变换函数关系，可得到反转后的灰度级为 $L-1-d$。

图 3.4 所示的是将图像进行求反得到的结果图以及灰度分布直方图。由图可见，在对原图像进行图像求反操作后，原图像的黑色背景变为白色背景。通过对比两幅图像的灰度分布直方图，可以看出原图像中的像素值分布与求反后的图像像素值分布相反。

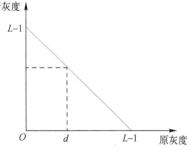

图 3.3　图像反转变换函数

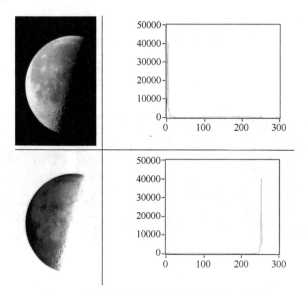

图 3.4　图像求反结果图以及灰度分布直方图

3.2.3　动态范围压缩

真实的场景可以表现出比较广泛的颜色亮度空间，从很暗的黑夜到明亮的晴天，有将近10 个数量级的动态范围，但是由于受限于硬件设备，传统的显示设备获取的视频和图像只能表达出很小一部分的亮度范围，例如，常见 8 位显示设备，能够还原的范围为 $[0,255]$，会丢失很多重要的灰度细节。因此为了将高动态范围图像压缩到显示设备能够还原的范围，需要实现从高动态范围（HDR）图像到低动态范围（LDR）图像的映射，并且随着不同显示设备的出现，需要实现动态范围压缩（Dynamic Range Compression，DRC）。例如，对数动态范围压缩公式，如式（3.2）所示：

$$s = C\log(1+|r|) \qquad (3.2)$$

式中，C 为尺度比例常数；s 为输出灰度值；r 为输入灰度值。其函数曲线如图 3.5 所示。

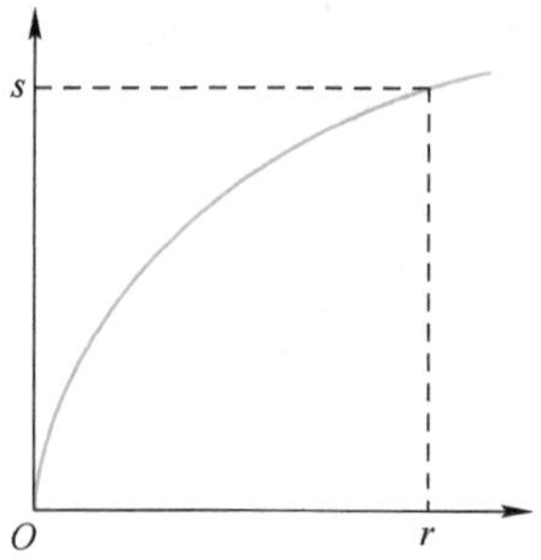

图 3.5　动态范围压缩变换函数曲线

3.2.4　对比度增强

对比度增强即增加图像中各部分的反差效果，主要用于改善图像的视觉效果，将其转换为更适合于人或机器分析处理的形式，突出有意义的信息同时抑制无用的信息，进而提高图像的使用价值。如图 3.6 所示，图像落在灰度 r_1 和 r_2 之间的部分是感兴趣的部分，而其他部分不重要，那么可以把灰度 r_1 和 r_2 之间的灰度反差变大。

对比度主要用来描述图像的明暗层次，是衡量图像质量的一个重要参数。图像明暗渐变的层次越多，对比度就越

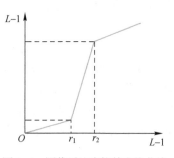

图 3.6　图像对比度拉伸变换曲线

大，图像就越清晰，色彩表现越丰富；反之，图像则灰暗模糊，色彩对比不鲜明。

在实际成像过程中，常常存在曝光不足或过度、成像或图像记录设备动态范围太窄、光照明暗不均匀等因素，导致图像对比度不足，从而导致图像中一些细节无法辨识。所以，通过图像处理技术来增大图像的灰度变化范围，丰富图像的灰度层次，进而改善其视觉感知效果。如图 3.7 所示，其中，图 3.7a、c 分别为低对比度和高对比度图像，图 3.7b、d 分别为对应的灰度直方图。从直方图的分布可以看出，低对比度图像的直方图集中于灰度级的中部，分布范围较窄；高对比度图像的直方图灰度级范围宽。

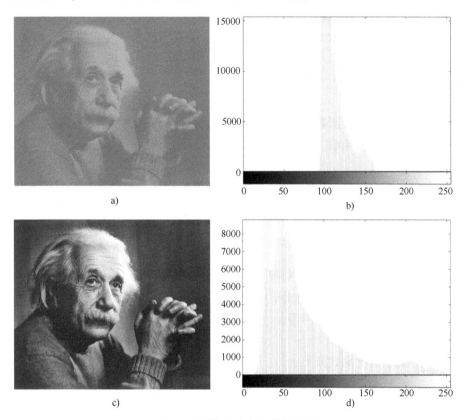

图 3.7　图像对比度增强效果图
a）低对比度图像　b）对应图 a 的灰度直方图　c）高对比度图像　d）对应图 c 的灰度直方图

对比度增强是指将图像灰度通过某种线性或非线性的变换加以扩展或收缩来增强原图像中各部分之间的反差，从而改善图像的视觉效果，以便于显示、观察和进一步分析与处理。对比度增强常用在各种以图像为信息载体的信号处理应用的预处理部分，其处理的质量直接影响到整个图像处理应用效果。至今为止，图像对比度增强并没有客观统一的评价标准，因而很难对增强效果加以统一的量化描述。针对不同的用途，增强的效果一般由人的主观视觉判断。

对比度增强增加了图像变化的动态范围，改善了图像的清晰度、细节表现和灰度层次表现，但是没有额外增加图像数据的信息。对比度增强技术在图像处理领域中起着重要的作用，不仅可以使图像获得更佳的视觉效果，提高人眼对信息的辨别能力，而且经过对比度增强技术处理后的图像，相对于原图，更适合参数估计、图像分割和目标识别等后续图像分析工作。因此，在图像处理、计算机视觉以及模式识别领域中，对比度增强是一项重要内容，在医学、电子产品以及电子制造工业等领域中都得到了广泛应用。

3.3 去噪滤波

数字图像中的噪声主要来自图像获取及传输过程，例如，图像传感器本身受环境温度影响而形成的热噪声，以及图像传输过程中传输通道受到外界干扰而产生的噪声污染等。在许多成像应用中都会有这样的假设，图像中的随机噪声与空间位置无关，同时与图像本身也无关，即噪声与像素值之间不相关。但是这样的假设在某些已知的特定应用，如 X 射线和核医学成像中并不成立。

3.3.1 常见的噪声

噪声可以通过概率密度函数加以描述，即将随机噪声的幅值视为一个随机变量时，该随机变量所服从的概率密度函数。

1. 高斯噪声

高斯噪声又称正态噪声，由于其在数学上易于处理，在实际中常采用高斯噪声模型。

高斯随机变量 z 的概率密度函数为高斯函数，如下：

$$p(z) = \frac{1}{\sqrt{2\pi}\sigma} e^{\frac{-(z-\mu)^2}{2\sigma^2}} \tag{3.3}$$

式中，z 表示灰度值；μ 表示均值或期望值；σ 表示标准差。

高斯噪声的概率密度函数曲线如图 3.8 所示，高斯噪声通常源自电子电路噪声以及由于低照明度或高温带来的传感器噪声等。

2. 均匀噪声

均匀噪声的概率密度函数如下：

$$p(z) = \begin{cases} \dfrac{1}{b-a}, & a \leqslant z \leqslant b \\ 0, & \text{其他} \end{cases} \tag{3.4}$$

均匀噪声的均值和方差分别为

$$\mu = \frac{a+b}{2} \tag{3.5}$$

$$\sigma^2 = \frac{(b-a)^2}{12} \tag{3.6}$$

均匀噪声的概率密度函数曲线如图 3.9 所示。

3. 脉冲噪声

脉冲噪声的概率密度函数如下：

$$p(z) = \begin{cases} p_a, & z = a \\ p_b, & z = b \\ 0, & \text{其他} \end{cases} \tag{3.7}$$

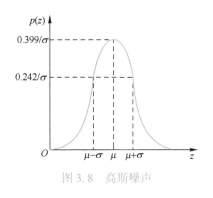

图 3.8　高斯噪声

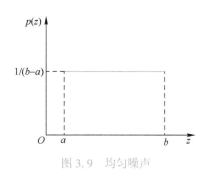

图 3.9　均匀噪声

如果 p_a 或 p_b 为 0，则此时的脉冲噪声为单极脉冲；如果 p_a 和 p_b 均不为 0，则此时的脉冲噪声为双极脉冲。噪声脉冲可以为正，也可以为负。通常在数字图像中，脉冲干扰的强度相对较大，总是使得受其影响的像素值趋向于最大值（纯白）或最小值（纯黑），可视化后表现为图像中的白色或黑色斑点，因此脉冲噪声又称为"椒盐"噪声（黑色点为"胡椒"，白色点为"盐"）。如图 3.10 所示即为脉冲噪声的概率密度函数曲线。

4. 瑞利噪声

瑞利噪声的概率密度函数如下：

$$p(z) = \begin{cases} \dfrac{2}{b}(z-a)\,\mathrm{e}^{\frac{-(z-a)^2}{b}}, & z \geq a \\ 0, & z < a \end{cases} \tag{3.8}$$

瑞利噪声的均值和方差分别为

$$\mu = a + \sqrt{\frac{\pi b}{4}} \tag{3.9}$$

$$\sigma^2 = \frac{b(4-\pi)}{4} \tag{3.10}$$

如图 3.11 所示为瑞利噪声的概率密度函数曲线，当在整幅图像范围内描述噪声时，瑞利噪声十分有用。

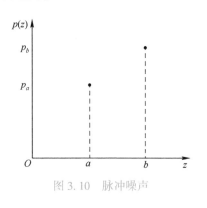

图 3.10　脉冲噪声

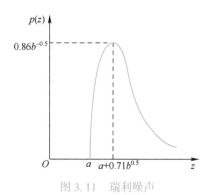

图 3.11　瑞利噪声

5. 伽马噪声

伽马噪声的概率密度函数如下：

$$p(z) = \begin{cases} \dfrac{a^b z^{b-1}}{(b-1)!}, & z \geq 0 \\ 0, & z < 0 \end{cases} \tag{3.11}$$

式中，$a>0$；b 为正整数。伽马噪声的均值和方差分别为

$$\mu = \frac{b}{a} \tag{3.12}$$

$$\sigma^2 = \frac{b}{a^2} \tag{3.13}$$

如图 3.12 所示为伽马噪声的概率密度函数曲线。

6. 指数噪声

指数噪声的概率密度函数如下：

$$p(z) = \begin{cases} a e^{-az}, & z \geq 0 \\ 0, & z < 0 \end{cases} \tag{3.14}$$

式中，$a>0$。指数噪声的均值和方差分别为

$$\mu = \frac{1}{a} \tag{3.15}$$

$$\sigma^2 = \frac{1}{a^2} \tag{3.16}$$

如图 3.13 所示为指数噪声的概率密度函数曲线。指数噪声和伽马噪声在激光成像中有一些应用。

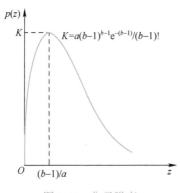

图 3.12　伽马噪声

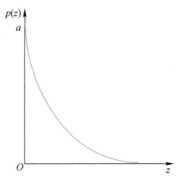

图 3.13　指数噪声

3.3.2　滤波的工作原理

在信号处理领域，滤波通常是指从信号中移除一定频率成分的算法，因此其含义非常广泛，也在许多场合中得到了频繁的应用。一般性的空间域增强方法可定义为对图像像素的一种操作：

$$g(x,y) = T[f(x,y)] \tag{3.17}$$

式中，f 为输入图像；g 为处理后的结果图像；T 是对 f 的一种操作。通常 T 定义于 (x, y) 的某个邻域（有时又称为窗口），在这种情况下，式（3.17）可以更确切地写为

$$g(x,y) = T[\{f(s,t) \mid (s,t) \in N(x,y)\}] \tag{3.18}$$

式中，$N(x,y)$ 表示像素点 (x,y) 的邻域。邻域 N 定义了当前被滤波图像像素位置以及参与滤波的其他相关像素位置，操作 T 定义了滤波器的实现方法，所以由邻域 N 和操作 T 得到新像素的计算过程称为图像的空间滤波器。

邻域的定义常使用 $m×n$ 大小的矩形邻域，且 $m=2a+1$ 和 $n=2b+1$ 均为奇数。

滤波器中的参考点对图像中的每个像素进行逐点扫描，在每个被扫描到的位置上，利用滤波器窗口所覆盖的图像像素值来计算出一个新的像素值，新的像素值作为当前参考点处像素滤波后的值。

在实现空间滤波时需要考虑的一个实际问题是靠近图像边缘像素的处理。考虑一个 $(2n+1)×$ $(2n+1)$ 的方形滤波器，当滤波器参考点位于图像的最上或最下 n 行、最左或最右 n 列时，滤波器窗口所覆盖的区域中，有一部分将落在图像之外，这些位置上的像素值没有定义。针对这个问题，一种处理方法是将滤波部分限制在图像中心部分，这种操作会导致得到的滤波图像小于原图像。另一种处理方法是人为对原图像进行扩充，即向上下左右四个方向各延拓 n 行和 n 列，然后对延拓后的图像中心部分进行滤波。最常用的延拓方法包括常值延拓（例如，用 0 值来扩充图像）以及复制图像边缘像素的延拓方法，如图 3.14 所示。使用延拓后可以得到与原图像同样大小的滤波结果图像，但该图像中只有中心部分的滤波结果是根据真实的图像像素值计算得到的，靠近边界部分的数据中存在一定的虚假成分。

a)　　　　　　　　　　　b)

图 3.14　图像扩充效果图

a) 用 0 值扩充图像　b) 复制图像边缘像素扩充图像

3.3.3　几种主要的滤波

平滑滤波器的作用是可以减小图像噪声，将图像中的细节模糊和融合，例如，将图像中一些不重要的细节、大块区域之间的细小连接或缝隙加以去除等。

1. 均值滤波器

均值滤波器是最简单也是十分常用的一种线性平滑滤波器，如图 3.15 所示。实际上，使用图 3.15 中的线性平滑滤波器与图像进行卷积操作时，相当于将被滤波像素的邻域（即被滤波像素本身再加上其 8 邻域）内各像素灰度值进行算术平均：

$W(-1,-1)$	$W(0,-1)$	$W(1,-1)$
$W(-1,0)$	$W(0,0)$	$W(1,0)$
$W(-1,1)$	$W(0,1)$	$W(1,1)$

图 3.15　均值滤波器

$$g(x,y) = \frac{1}{9} \sum_{s=-1}^{1} \sum_{t=-1}^{1} f(x+s, y+t) \tag{3.19}$$

使用算术均值滤波器可以滤除图像噪声的原理在于，大多数需要进行处理的图像区域中叠加了在空间上相互独立、零均值且同分布的随机噪声。因此，对像素点及其邻域内的其他像素点灰度值进行平均后，由于空间上相互独立的零均值同分布随机噪声经过算术平均后更接近于0，所得的均值体现了邻域内的真实灰度的平均值。所以，以上所得的算术平均值可以作为滤波像素点处的真实灰度值。

如图3.16所示是一幅图像使用不同尺寸的算术均值滤波器进行滤波的结果。由图可见，随着使用的滤波器的尺寸不断增大，滤波器的平滑效果也越明显，图像下部类似噪声的细散亮点也去除得越彻底，不过图像中其他重要细节也越来越模糊，当过度平滑时，重要的细节将因为过于模糊无法辨认而丢失。均值处理的一个重要应用是基于物体本身的亮度值来消除某些物体。图像经过均值处理后会变得模糊，那些较小物体的灰度会与背景融合在一起，较大物体则变得像"斑点"而易于监测。

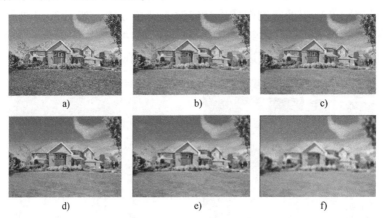

图3.16 不同尺寸的算术均值滤波器的滤波效果图
a) 原图 b) 3×3 c) 5×5 d) 7×7 e) 11×11 f) 21×21

2. 中值滤波器

对具有零均值噪声的均匀邻域进行平均化时，取均值是对$I[x,y]$较好的估计。但当该邻域跨越两块区域的边界时，利用均值滤波进行计算会导致边界模糊，这种情况下，一般用中值滤波算法来进行替换，用像素点邻域内灰度的中值替代该像素点的值，其表达式为

$$g(x,y) = \underset{(s,t) \in N(x,y)}{\mathrm{median}} \{f(x,y)\} \tag{3.20}$$

式中，median{·} 表示求取中值，即将所考虑的数值集合中的元素进行排序，排序后正好落在中间位置上的值即为该数值集合的中值。

设$A[i]$，$i=0,\cdots,n-1$是含n个实数的有序数组，则A中各数的中值是$A[(n-1)/2]$。

在中值计算时要对n为奇数或偶数的情况进行区分，当n为奇数，中值即为数组排序后中间位置上的值；当n为偶数时，可根据两个中值$A[n/2]$以及$A[n/2-1]$的平均值得到一个平均中值。

图3.17所示即为使用3×3大小的算术均值滤波器和中值滤波器对一幅受到"椒盐"噪声污染的图像进行滤波的结果，由图可以看出，使用中值滤波处理"椒盐"噪声可以获得

更佳的滤波效果。

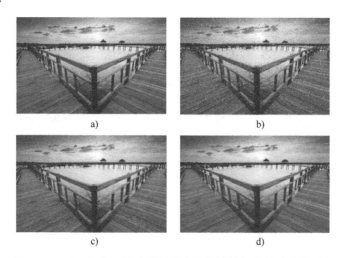

a)　　　　　　　　　　b)

c)　　　　　　　　　　d)

图 3.17　对"椒盐"噪声进行算术均值滤波与中值滤波的对比

a) 原图　b) 被"椒盐"噪声污染的图像　c) 算术均值滤波的结果　d) 中值滤波的结果

3.4　图像平滑

图像处理的目的是对感兴趣区域进行检测和描述，所以需要对随机噪声与人为干扰进行去除。对于存在高斯噪声的图像，通过取邻域平均值的方法，可以减少区域内在正常亮度值上下浮动的噪声。

输出图像$[r,c]$=输入图像$[r,c]$邻域的平均值，表达式为

$$\mathrm{Out}[r,c] = \frac{\sum_{i=-2}^{2}\sum_{j=-2}^{2}\mathrm{In}[r+i,c+j]}{25} \tag{3.21}$$

式（3.21）定义了一个平滑滤波器，该滤波器对输入图像中像素点周围 5×5 邻域内的 25 个像素值取平均作为输出值，得到一幅平滑的输出图像。

相比于对所有输入像素进行等量加权，一种更好的方法是随着距中心像素 $I[x_c,y_c]$ 距离的增加而减小输入像素的权重。高斯滤波器（Gaussian Filter）是最常用的一种平滑滤波器，它采用的就是这种方法。

当图像使用高斯滤波时，像素$[x,y]$根据下式进行加权：

$$g(x,y) = \frac{1}{\sqrt{2\pi}\,\sigma}\mathrm{e}^{-\frac{d^2}{2\sigma^2}} \tag{3.22}$$

式中，$d=\sqrt{(x-x_c)^2+(y-y_c)^2}$ 为输入图像中邻域像素$[x,y]$到中心像素 $I[x_c,y_c]$ 的距离，单位为 mm。

3.4.1　均值滤波

在使用均值滤波对图像进行噪声去除时，需要选择合适的模板，在计算中，模板就是一

个矩阵,是处理图像过程中对应的函数。在处理过程中,使用不同的模板对像素的邻域点进行加权计算时,会得到不同的图像处理效果,从而实现对图像的增强和减少噪声。

图 3.18a 中的算术均值滤波器权值从中心位置向外递减,就扩展为加权算术均值的滤波器。如图 3.18b 所示即为一个加权算术均值滤波器,其中,滤波器参考点处的权值为 4/16＝1/4,该位置的权值大于参考点的 8 邻域中各像素点处的权值,因此该滤波器更倾向于保持被滤波像素点处的灰度值。图 3.18c 则是常用的 3×3 大小的高斯滤波器,它是二元高斯函数的一个近似。在具体的操作过程中,通常会将均值滤波器的系数进行归一化操作,最终的滤波器系数之和为 1。

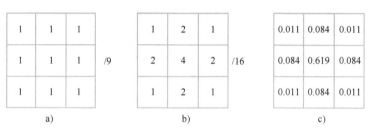

图 3.18 不同的均值滤波器

a) 算术均值滤波器 b) 加权算术均值滤波器 c) 高斯滤波器

除了算术均值外,还可以使用其他均值来进行滤波。如下公式分别为几何均值滤波器、谐波均值滤波器和逆谐波均值滤波器的表达式:

$$g(x,y) = \left[\prod_{(s,t) \in N(x,y)} f(s,t) \right]^{\frac{1}{n}} \tag{3.23}$$

$$g(x,y) = \frac{n}{\sum\limits_{(s,t) \in N(x,y)} \dfrac{1}{f(s,t)}} \tag{3.24}$$

$$g(x,y) = \frac{\sum\limits_{(s,t) \in N(x,y)} f(s,t)^{Q+1}}{\sum\limits_{(s,t) \in N(x,y)} f(s,t)^{Q}} \tag{3.25}$$

式 (3.25) 中,$N(x,y)$ 表示参考点在 (x,y) 位置的滤波器邻域;Q 为逆谐波均值滤波器的阶次。就平滑效果而言,几何均值滤波器与算术均值滤波器相当,但是几何均值滤波器在细节处理特别是较暗细节的保持方面要比算术均值滤波器好;谐波均值滤波器可以较好地处理高斯噪声等随机噪声以及"盐"噪声,但是不能用于处理"胡椒"噪声;逆谐波均值滤波器无法同时处理"盐"噪声和"胡椒"噪声,但是可以通过对 Q 值进行设置来分别消除"盐"或"胡椒"噪声,设置 Q 为正数时,可以对"胡椒"噪声进行消除,设置 Q 为负数时,可以对"盐"噪声进行消除;同时当 $Q=0$ 时,逆谐波均值滤波器可以看作算术均值滤波器,当 $Q=-1$ 时,逆谐波均值滤波器可以看作谐波均值滤波器。此外,由于几何均值滤波器、谐波均值滤波器和逆谐波均值滤波器在进行滤波时表现为非线性滤波器,所以无法通过一个卷积核来进行描述。

如图 3.19 所示为对高斯噪声图像进行滤波,总体来说,两个逆谐波均值滤波器的去噪效果不如均值滤波器的去噪效果。算术均值滤波会使得图像边界变得模糊,而几何均值滤波不会有这个问题。

图 3.19　不同滤波方法的高斯噪声滤波效果图

a) 原图　b) 高斯噪声　c) 3×3 均值滤波　d) 3×3 几何均值滤波
e) $Q=-1.5$ 逆谐波均值滤波器滤波　f) $Q=1.5$ 逆谐波均值滤波器滤波

如图 3.20 所示为对 "椒盐" 噪声图像进行滤波, 算术均值滤波对 "椒盐" 噪声的去除效果更好; $Q=-1.5$ 的逆谐波均值滤波器留下了黑色的 "胡椒" 噪声, 而 $Q=1.5$ 的逆谐波均值滤波器留下了白色的 "盐" 噪声。

图 3.20　不同滤波方法的 "椒盐" 噪声滤波效果图

a) 原图　b) "椒盐" 噪声　c) 3×3 均值滤波　d) 3×3 几何均值滤波
e) $Q=-1.5$ 逆谐波均值滤波器滤波　f) $Q=1.5$ 逆谐波均值滤波器滤波

综上，均值滤波器尤其是几何均值滤波器对高斯噪声的去除效果比较好。如果已经对"盐"噪声还是"胡椒"噪声进行了判断，正确选择逆谐波均值滤波器的 Q 参数符号，就可以达到很好的去噪效果。

3.4.2 高斯滤波

高斯函数在自然科学、社会科学、数学以及工程学等领域都有重要的应用，在图像滤波处理中主要用于对高斯噪声的消除。本节主要讲述它在图像平滑方面的应用。

标准差为 σ 的一元高斯函数定义如下，其中，c 是比例因子：

$$g(x) = ce^{-\frac{x^2}{2\sigma^2}} \tag{3.26}$$

二元高斯函数定义为

$$g(x,y) = ce^{-\frac{x^2+y^2}{2\sigma^2}} \tag{3.27}$$

这些公式与正态分布具有相同的结构，其中，c 是为了保证高斯函数曲线下的面积为1。c 一般取一个较大的数使所有的模板元素为整数。高斯函数以原点为中心，不需要正态分布中的均值参数 μ。当信号或图像中包含参数 μ 时，图像处理算法将通过平移 $g'(x)$ 去掉该参数。图 3.21 为一元高斯函数及其一、二阶导数曲线，这些导数在滤波运算中也非常重要。导数的计算公式参见式（3.28）~式（3.30）。函数 $g(x)$ 曲线下的面积为1，意味着它对恒值区域无影响，适合作为一个平滑滤波器。$g(x)$ 是偶函数，而 $g'(x)$ 等于 $g(x)$ 乘以奇函数 $(-x)$ 再除以 σ^2。$g''(x)$ 具有更复杂的结构信息，从图 3.21 可以看出，函数图像就像倒置的宽边帽的截面边缘。式（3.30）说明 $g''(x)$ 是两个偶函数之差，中间下凹部分为负，该部分 $x \approx 0$。此外，二阶导数 $g''(x)$ 的零交叉点出现在 $x = \pm\sigma$ 处，这与图 3.21 中的函数曲线是一致的。

$$g(x) = \frac{1}{\sqrt{2\pi}\,\sigma}e^{-\frac{x^2}{2\sigma^2}} \tag{3.28}$$

$$g'(x) = \frac{-1}{\sqrt{2\pi}\,\sigma^3}xe^{-\frac{x^2}{2\sigma^2}} \tag{3.29}$$

$$\begin{aligned}
g''(x) &= \left(\frac{x^2}{\sqrt{2\pi}\,\sigma^5} - \frac{1}{\sqrt{2\pi}\,\sigma^3}\right)e^{-\frac{x^2}{2\sigma^2}} \\
&= \frac{x^2}{\sigma^4}g(x) - \frac{1}{\sigma^2}g(x) \\
&= \left(\frac{x^2}{\sigma^4} - \frac{1}{\sigma^2}\right)g(x)
\end{aligned} \tag{3.30}$$

理解了一元高斯函数的特性，就可以直接建立相应的二元函数 $g(x,y)$ 及其导数，只需用 $r = \sqrt{x^2+y^2}$ 替换一元中的 x 即可。一元高斯函数绕垂直轴旋转可得到各向同性的二元函数形式，各向同性函数在任意过原点的切面上具有相同的一维高斯截面。

两个不同的高斯平滑模板如图 3.22 所示。

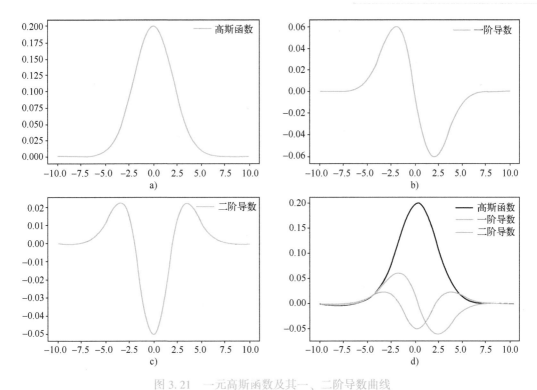

图 3.21　一元高斯函数及其一、二阶导数曲线

a）标准差 $\sigma=2$ 的高斯函数分布图像　b）一阶导数 $g'(x)$ 函数图像　c）二阶导数 $g''(x)$ 函数图像

d）把图 a、b、c 重叠到一起说明 $g(x)$ 的拐点与 $g'(x)$ 的极点和 $g''(x)$ 的零交叉点对应

$\boldsymbol{G}_{3\times3}=$

1	2	1
2	4	2
1	2	1

a)

$\boldsymbol{G}_{7\times7}=$

1	3	7	9	7	3	1
3	12	26	33	26	12	3
7	26	55	70	55	26	7
9	33	70	90	70	33	9
7	26	55	70	55	26	7
3	12	26	33	26	12	3
1	3	7	9	7	3	1

b)

图 3.22　高斯平滑模板

a）3×3 近似高斯模板　b）7×7 近似高斯模板

3.4.3　自适应平滑滤波

在本节中，介绍两个简单的自适应去噪滤波器，以说明如何利用图像中的其他信息来对被滤波像素附近邻域内的噪声情况加以估计，并据此采取不同的去噪方法。

1. 自适应局部去噪滤波器

随机变量最简单的统计特征是均值和方差。对于图像而言，均值给出了所考虑区域范围

内的平均灰度值，而方差给出了该范围内图像平均对比度的一个度量。

在此处介绍的自适应去噪滤波器中，主要使用了如下全局与局部图像信息：

1）$f(x,y)$表示滤波前的含噪声图像在像素点(x,y)处的值。

2）σ_η^2表示在整幅图像范围内的空间独立、零均值、同分布的随机噪声$\eta(x,y)$的方差。该噪声是一个加性噪声，即含噪声图像$f(x,y)$等于真实图像数据和噪声$\eta(x,y)$之和。

3）$\mu_L(x,y)$表示在所考虑的邻域$N(x,y)$范围内像素灰度值的局部均值。

4）$\sigma_L^2(x,y)$表示像素灰度值的局部方差。

滤波器设计的技术路线如下：

1）如果σ_η^2为零，则此时图像并未受到噪声污染，因此滤波器的输出$g(x,y)=f(x,y)$。

2）如果$\sigma_L^2(x,y)$与σ_η^2相比很高，则说明此时所考虑的像素位置附近的图像对比度并非由噪声引起，而可能是图像本身的真实灰度变化所引起，比如处于图像边缘处的像素。在这种情况下，较为可靠的做法是基本保持图像的像素值不变，即$g(x,y)\approx f(x,y)$。

综上，自适应局部去噪滤波器的表达式可以写为

$$g(x,y)=f(x,y)-\frac{\sigma_\eta^2}{\sigma_L^2(x,y)}\left[f(x,y)-\mu_L(x,y)\right] \tag{3.31}$$

其中唯一需要知道或通过某种方式加以估计的参数就是噪声方差σ_η^2。

2. 自适应中值滤波器

前述的中值滤波器在"椒盐"噪声并非十分密集时可以获得良好的性能。此处将要介绍的自适应中值滤波器则可以处理更为密集的"椒盐"噪声，并且在处理非脉冲噪声时还能够更好地保留图像细节，如图3.23所示。

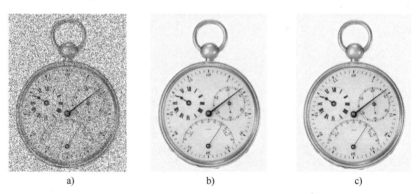

a)   b)   c)

图3.23 传统中值滤波器与自适应中值滤波器效果对比图

a）被密度为0.25的"椒盐"噪声污染过的图像

b）使用传统中值滤波器得到的结果 c）使用自适应中值滤波器得到的结果

自适应中值滤波器与普通的中值滤波器一样，考查一个正方形滤波窗口S_{xy}中像素灰度值的统计排序。不过不同于普通中值滤波器，自适应中值滤波器的窗口S_{xy}的大小可以改变。记(x,y)为当前进行滤波的像素点，Z_{max}、Z_{min}和Z_{med}分别为当前窗口S_{xy}中的最大、最小和中值灰度，Z_{xy}为(x,y)处的灰度值，而S_{max}为滤波器窗口允许的最大尺寸。

自适应中值滤波的步骤如下：

1）如果$Z_{max}>Z_{med}>Z_{min}$，转至3）；否则增大窗口尺寸。

2）如果窗口尺寸 $\leq S_{\max}$ ，转至 1）；否则输出 Z_{xy} 。

3）如果 $Z_{\max} > Z_{xy} > Z_{\min}$ ，输出 Z_{xy} ；否则输出 Z_{med} 。

3.5　边缘检测

图像中对于边缘的定义是指特定像素位置的集合，边缘能够勾画出目标的轮廓，在检测、识别和图像理解中都有重要的作用。

边缘和目标的边界是两个相互关联而又有所区别的概念。目标的边界相对边缘而言具有更高的整体性，边缘表现为一个局部性质。一条理想的边缘具有如图 3.24a 所示的模型所具有的特征，由这个模型所给出的边缘是定义良好的一组互相连通的像素集合，这些像素构成了单像素宽度的线条。但在实际中，通过成像系统获取的图像中的边缘几乎是模糊的，此时的边缘可以用一个如图 3.24b 所示的"斜坡"来更好地描述。斜坡的倾斜度与边缘模糊程度成反比，此时得到的边缘不再是具有单像素宽度的线条，而是具有一定宽度的区域。本节将对以下几种边缘检测算法进行介绍。

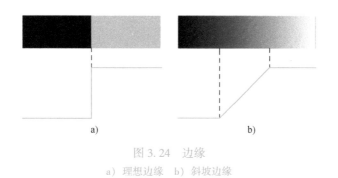

图 3.24　边缘
a）理想边缘　b）斜坡边缘
注：下方曲线为上方图像的水平剖面灰度分布。

3.5.1　人类视觉边缘检测

大量的实验证明，人类对物体亮度的感觉与进入人眼的光强成对数关系，但是人类对于物体亮度的感觉与物体本身亮度以及所处的背景亮度有关。视觉对亮度差的敏感程度随背景亮度呈非线性变化，它的特性由人眼的对比度敏感性函数决定。如图 3.25a 所示，在均匀亮度背景 I 下，ΔI（JND）为圆形目标从亮度 I 开始增加到 $I+\Delta I$ 时，视觉刚好能鉴别的亮度差异值。这个 ΔI 是由背景亮度决定的，ΔI 与 I 之间的这种非线性关系称为阈值亮度比（TVI）。在低背景亮度和高背景亮度之间的一个相当宽的区域内，$\Delta I/I$ 近似为常数，其值约为 0.02（图 3.25b）。此关系式称为韦伯定律，而 $\Delta I/I$ 为韦伯比或灵敏度阈值。

图 3.26 表示人眼对一维信号的处理情况，视网膜细胞阵列感测到不同点的跳变边缘。第 1 层的细胞对第 2 层的细胞产生激励信号。第 1 层的细胞 i 和第二层的细胞 j 之间通过权值 w_{ij} 进行物理连接，在细胞 j 进行计算之前，这个权值与对应的激励相乘。细胞 j 的输出是 $y_j = \sum_{i=3}^{N} w_{ij} x_i$ ，其中，x_i 是第 1 层中第 i 个细胞的输出，N 是第 1 层细胞的总个数。图 3.26 说

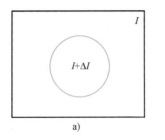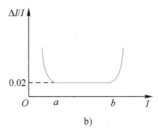

图 3.25 对比灵敏度与背景亮度关系

a）用于人类视觉系统亮度辨别能力的实验设置　b）韦伯比

明，对第 2 层的每个细胞 j，其输出为 $-a+2b-c$，对应权值模板为 $[-1,2,-1]$，权值 2 用于中间的输入，而对于要抑制的输入 a 和 b 都用 -1 作权值。

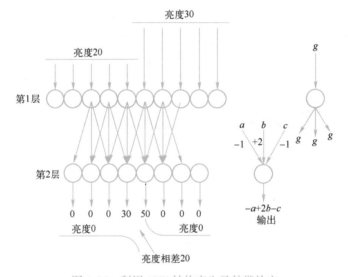

图 3.26　利用 ANN 结构产生马赫带效应

心理学家马赫（Mach）注意到，人类感知两个区域之间的边缘时，就好像把边缘拉出来以放大亮度的差异，如图 3.26 所示，注意该结构和模板在两个细胞之间的边缘处产生零交叉，其中一个产生正输出，另一个产生负输出。马赫带效应能改变连接面的感知形状，在通过被遮挡面显示多面体目标的计算机图像系统中是很明显的。

图 3.27 表示人眼对二维信号的处理情况，与集算细胞 f 连接的视网膜细胞集合组成感受野（Respective Field）。利用二阶导数进行边缘检测时，每个感受野都有一个中心细胞集合，在中心细胞集合周围分别有正权值和负权值的周围细胞集合。在神经元 A 的感受野中，视网膜细胞 b 和 c 作为中心细胞集合，视网膜细胞 a 和 d 分布在周围，作为抑制性的细胞集合。同样，视网膜细胞 d 作为神经元 B 的感受野的中心，细胞 c 作为周围细胞集合。为了保证集算细胞在恒值区域上具有中性输出，中心权值与周边权值之和应该为 0。但是，中心细胞和周边区域都是圆形的，所以当直线形区域边界以任意角度接近中心区域时，得到的输出都不是中性的，则每个集算细胞都可以看作一个各向同性的边缘检测细胞。

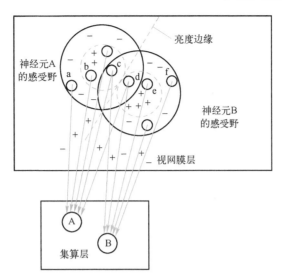

图 3.27　LOG 滤波器的 3D ANN 结构

3.5.2　LOG 边缘检测器

LOG 滤波器在实际的图像处理中可以选取不同的滤波模板，其中，3×3 模板是模板的最小实现形式，能够检测像素大小的图像细节，而 11×11 模板是对 121 个输入像素进行集成运算后得到输出，因此它适合比较大的图像特征，而不适合较小的图像特征。如果利用硬件进行计算，集成 121 个像素要比集成 9 个像素多耗费许多时间。

基于二阶导数过零点的边缘检测技术探究了阶跃边缘对应于图像函数陡峭变化这一事实，图像函数的一阶导数在对应于图像边缘的位置上应该取得极值，因此二阶导数在同一位置应该为 0（见图 3.28），而寻找过零点位置比起寻找一阶导数极值更容易和准确。

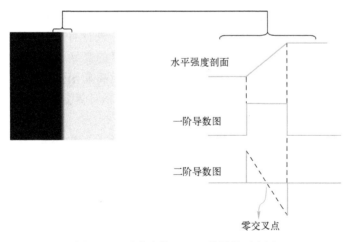

图 3.28　垂直边缘一、二阶导数示意图

基于二阶导数过零点的边缘检测技术的关键是如何计算得到稳定的二阶导数，一般的解决办法是首先平滑图像（减小噪声），再计算二阶导数。在选择平滑滤波器时，需要满足两个标准：

1) 滤波器应该是平滑的且在邻域中大致上是有限带宽的,以便减少可能会导致函数变化的频率数。

2) 空间定位的约束要求滤波的响应来自于图像中邻近的点。

这两个标准是相互矛盾的,但是可以使用高斯分布同时优化,在实践中,需要准确考虑优化的含义。

在此最常用的平滑滤波器是高斯滤波器 $G(x,y)$:

$$G(x,y) = e^{\frac{-(x^2+y^2)}{2\sigma^2}} \tag{3.32}$$

其中,σ 是高斯函数的标准差,其值越大,高斯滤波所涉及的范围也越大,平滑效果也越强。

利用式(3.32)对图像 $f(x,y)$ 进行平滑后再求取拉普拉斯算子得

$$\nabla^2[G(x,y) * f(x,y)] \tag{3.33}$$

由于求导和卷积均为线性运算,所以调换计算顺序也不会影响结果,即式(3.33)等价于

$$[\nabla^2 G(x,y)] * f(x,y) \tag{3.34}$$

因此,对图像先平滑再用拉普拉斯算子进行滤波,相当于直接使用如下的 LOG 算子对图像进行滤波:

$$\nabla^2 G(x,y) = \left(\frac{\partial^2}{\partial x^2} + \frac{\partial^2}{\partial y^2}\right) e^{\frac{-(x^2+y^2)}{2\sigma^2}} = -\frac{x^2+y^2-\sigma^2}{\sigma^4} e^{\frac{-(x^2+y^2)}{2\sigma^2}} \tag{3.35}$$

如图 3.29 所示为一个 3×3 的仅考虑 4 个垂直方向的相邻像素的 LOG 算子模板,它是模板的最小实现形式,能够检测像素大小的图像细节。

当 LOG 算子的 σ 参数增大时,算子的平滑效果加强,处理过后保留下来的只有那些相对突出的边缘,而强度不显著的边缘将被滤除。在处理过程中,直接利用二维模板进行卷积运算过程比较缓慢,所以可以将 LOG 算子进行分解,将 LOG 算子的二维卷积模板变为多个更为快速的卷积操作。除此之外,还可以将 LOG 算子进行有效近似。在计算过程中,LOG 算子可以看作两个具有不同值的高斯函数

0	−1	0
−1	4	−1
0	−1	0

图 3.29 LOG 滤波器的 3×3 近似模板

之差,二元高斯函数与图像的卷积可以转化为两个一元高斯函数与图像的卷积之和,就计算量而言,一元函数与图像的卷积计算更加快速,因此利用 LOG 算子进行的卷积计算可以更加高效。

得到图像的二阶微分之后,图像噪声以及对象亮度本身的微小波动都会造成在边缘位置二阶导数不为零的情况,导致直接在微分图像中检测等于零的点出现错误。寻找零点穿越位置,一般使用以被检测像素点为中心的一个 3×3 滑动窗口,根据相对邻域位置(如左右、上下、两对角位置)的符号变化来判断,若该检测像素点为零交叉点,则至少存在两个相对邻域像素的符号不同。同时,为了避免噪声带来的影响,还需结合梯度幅值来判断当前的零点穿越位置是否满足阈值要求,从而判断是否落在边缘区域之中。

利用二阶导数进行边缘检测时,通常会引入过度的平滑措施来抑制噪声对二阶导数的影响,但是这一操作会造成图像中某些细节的丢失;此外,利用阈值是否为零进行判断得到零交叉点,通常会形成闭合的边缘环,造成所谓的"通心粉"效应,在许多应用中这种效应

被视为最严重的缺陷。

如图 3.30 所示即为利用 LOG 算子求取二阶导数并通过零点穿越来确定边缘的示例。在图 3.30b 的边缘图像中可见若干闭合的边缘环，这些边缘环所包围的区域本身并不对应实际感知到的对象区域。

 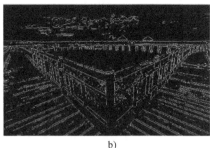

a)   b)

图 3.30 LOG 算子进行边缘检测
a）原图 b）LOG 算子进行边缘检测结果

3.5.3 Canny 边缘检测器

Canny 提出了一种对于受白噪声污染的阶跃边缘而言最优的边缘检测算子。这一最优性是从如下三个方面来衡量的：

1）检测准则。该准则要求不应丢失重要的边缘，而且不应输出噪声性的多余边缘。

2）定位准则。该准则要求检测到的边缘位置与实际边缘位置之间的距离最小。

3）单一响应准则。该准则要求尽可能减少对于同一边缘出现多个响应的情况。

对于一维阶跃边缘，Canny 所得到的最优二维算子形状与高斯函数的一阶导数相近。对于二维阶跃边缘，其边缘的准确位置应该是在边缘梯度方向上的一阶导数的极大值点。Canny 算子是利用二维高斯算子 G 在梯度方向 n 上的一阶导数作为梯度算子来与图像 f 进行卷积，该梯度算子为

$$G_n = \frac{\partial G}{\partial n} = n \cdot \nabla G \tag{3.36}$$

尽管梯度方向 n 未知，但根据 G 对 f 进行平滑后的梯度方向，可以给出实际边缘梯度方向的一个鲁棒的估计，即

$$n = \frac{\nabla(G*f)}{|\nabla(G*f)|} \tag{3.37}$$

因此，边缘的位置由方向 n 上梯度的局部极大值位置给出，即应该满足：

$$\frac{\partial}{\partial n}G_n * f = 0 \tag{3.38}$$

或等价于

$$\frac{\partial^2}{\partial n^2}G * f = 0 \tag{3.39}$$

由式（3.39）给出的在梯度方向上寻找局部梯度极大值的操作常被称为局部非极大抑制。

局部非极大抑制之后,利用阈值化方法确定边缘点。使用单一抑制容易造成对象轮廓线的破损。因此在 Canny 算子中使用了两个阈值,一个高阈值和一个低阈值。认为梯度幅值大于高阈值的像素点为边缘点,梯度幅值低于低阈值的像素点不是边缘点,而梯度幅值介于两者之间的像素点,需要考查它们与其他边缘点的连通性来判断,如果存在连通关系,则认为是边缘点,反之则认为不是边缘点。

通常在经过局部非极大抑制和迟滞阈值化处理后,大部分检测得到的边缘点便形成了单像素宽度的边缘线条,不过仍然可能存在两个或三个像素宽的部分,此时可以利用数学形态学细化操作进行后处理。

如图 3.31 所示为 Canny 算子边缘检测示例。由图可见,Canny 算子较好地给出了图像中主要对象较为完整的轮廓,此外,背景中一些较弱的边缘也被检测了出来。

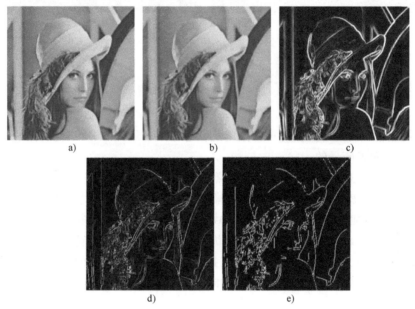

图 3.31　Canny 算子进行边缘检测

a）原图　b）加入高斯噪声后图像　c）边缘检测处理后图像

d）非极大抑制处理后图像　e）上阈值为 120、下阈值为 100 的检测结果

3.6　卷积

检测可以通过将模板与图像邻域相匹配的方法实现。图像平滑也基于同样的道理,本节介绍卷积的定义,明确表示出模板在图像上的移动过程,并计算模板与每个图像邻域的点积。

3.6.1　模板运算定义

图像平滑定义为图像与平滑模板的交叉相关,对输入图像进行盒型滤波器滤波得到输出图像,再对输入像素邻域内的各点进行等量加权操作得到相应的输出像素。这等价于与权系

数为 $\dfrac{1}{mn}$ 的 $m\times n$ 图像模板进行点积运算。如图 3.32 所示的 3×3 模板，假设 m 和 n 都是奇数，除以 2 时取商并忽略余数，式（3.40）定义了利用模板 $H[0,0]$ 从输入图像 $F[x,y]$ 计算输出像素 $G[x,y]$ 值的点积运算。在这个公式中，模板 H 以原点为中心，这样 $H[0,0]$ 是模板的中心像素，H 对 $F[x,y]$ 邻域像素的加权方式是显而易见的。

图像 $F[x,y]$ 和模板 $H[x,y]$ 的交叉相关定义如下：

$$G[x,y]=F[x,y]H[x,y]$$
$$=\sum_{i=-w/2}^{w/2}\sum_{j=-k/2}^{k/2}F[x+i,y+j]H[i,j]$$

(3.40)

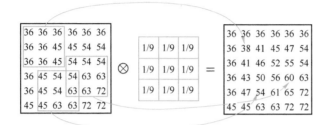

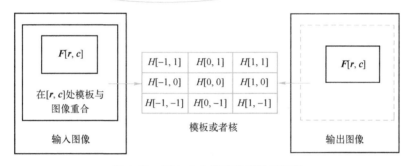

图 3.32　用 3×3 盒型滤波器平滑图像

另一种计算 G 中输出像素的方法是对式（3.40）中的变量稍加改变得到的，它不要求模板维数为奇数，可以利用偶数维的模板 $H[i,j]$，但应当看成是整幅图像的变换，而不只是以像素 $G[x,y]$ 为中心的运算，公式定义如下：

$$G[x,y]=\sum_{i=0}^{w-1}\sum_{j=0}^{k-1}F[x+i,y+j]H[i,j]$$

(3.41)

3.6.2　卷积运算

函数 $f(x,y)$ 和 $h(x,y)$ 的卷积定义为

$$g(x,y)=f(x,y)*h(x,y)$$
$$=\int_{x'=-\infty}^{+\infty}\int_{y'=-\infty}^{+\infty}f(x',y')h(x-x',y-y')\mathrm{d}x'\mathrm{d}y'$$

(3.42)

卷积与交叉相关密切相关，式（3.42）对连续的图像函数给出了卷积的正式定义，为了定义积分并能够实际使用，二维图像函数 $f(x,y)$ 和 $h(x,y)$ 在 xOy 平面上的有限矩形外应当具有零像素值，且在其表面下的体积是有限的。对于滤波来说，核函数 $h(x,y)$ 在某个矩

形之外通常为 0，为了对空间频率 f 进行全局性分析，支撑 h 的矩形平移范围将涵盖 f 的所有取值范围。图 3.33 说明了对于一维信号计算两函数的卷积 $g(x)$ 的步骤。核函数 $h(x)$ 首先相对 y 轴翻转，然后平移到点 x'，对输入函数 $f(x)$ 和新的核函数 $h(x'-x)$ 的乘积进行积分，最后得到 $g(x)$。由于函数在区间 $[a,b]$ 外为零，因此积分可限制到有限的区间内。对于数字图像，卷积计算就是求乘积的离散和，而不是上面定义的连续积分。

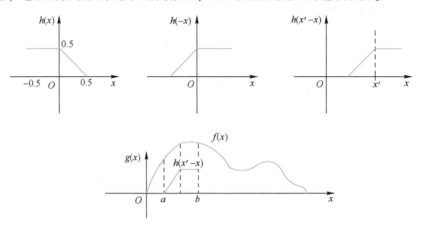

图 3.33　计算信号 $f(x)$ 和核 $h(x)$ 的卷积，即 $g(x)=f(x)*h(x)$

对任意点 x，将核 h 进行翻转然后平移到 x，求 $f(x)$ 和翻转平移后 h 的乘积之和，从而计算出 $g(x)$，即 $g(x)=\int_a^b f(x)h(x'-x)\mathrm{d}x'$。

交叉相关将模板或核直接平移到图像点 $[x,y]$ 而不经过翻转，如图 3.34 所示。在卷积运算中，更加容易的操作是不对核进行翻转，只是单纯地将核放在图像的某个位置。如果核是对称的，则经过翻转的核与之前的核是相同的，卷积的结果与交叉相关的结果相同。但是大多数的边缘检测模板不是对称的，只有平滑模板和其他各向同性算子具有对称性。尽管卷积和交叉相关形式上不同，但由于它们之间的相似性，进行图像处理时常常认为它们都是"卷积"。

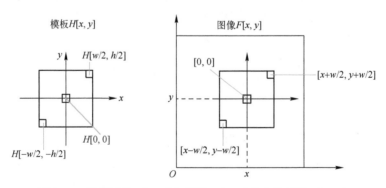

图 3.34　计算图像 $F[x,y]$ 和模板 $H[x,y]$ 的交叉相关 $G[x,y]$

为计算 $G[x,y]$，将模板 $H[0,0]$ 中心放在输入图像点 $F[x,y]$ 的位置，求出 F 图像值和 H 上对应权值的乘积之和。

3.7　本章小结

本章介绍了图像生成、传输中可能出现的问题，以及为适应智能视觉感知任务而进行的图像预处理手段，包括灰度级映射、去噪声、图像平滑和边缘检测等。基于深度学习的图像增强技术在图像预处理领域取得了显著进展，能够更好地保留图像细节和结构信息。在技术创新中，要注重对个体和社会的积极影响，避免滥用技术带来的潜在风险。保护用户隐私、维护数据安全是技术研发不可忽视的伦理责任。

习题

1. 图像滤波和增强的目标是什么？
2. 数字图像的亮度调整模型原理是什么？
3. 数字图像的动态范围压缩原理是什么？
4. 数字图像的对比度增强原理是什么？
5. 常见的噪声模型有哪些？
6. 自适应中值滤波的原理是什么？
7. Canny 边缘检测的原理是什么？
8. 卷积操作的原理是什么？

第4章 颜色与纹理分析

色感是动物感知不同波长光（即不同光谱功率分布）之间差异的能力，与光强度无关。人们对颜色的感知不仅与光学物理相关，而且依赖于人眼和大脑对外界刺激进行融合处理的复杂生理过程。图 4.1 是生活中常见的用于色盲鉴定的图片，大部分人能够识别出数字 74，而色盲患者由于其视锥细胞缺少一种或多种对波长敏感的化学物质，无法感知一种或多种基色。

科技发展至今，计算机已经可以像人类一般识别颜色，颜色信息在计算机视觉中特别重要，因为它在图像像素上提供多个测度值，常常能够使分类变得更加简单而不需要做复杂的空间决策。例如，计算机视觉领域中像素相似度测量函数就使用了大量的颜色信息，避免了烦琐的空间决策步骤。

对颜色物理学和色感进行深入分析需要大量的篇幅，本章只介绍基本的颜色知识。首先介绍颜色物理学的基本原理，之后介绍图像颜色编码。

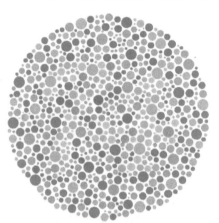

图 4.1　色盲鉴定图片

物体的明暗分析对于智能视觉感知是非常重要的，这个问题不仅与目标颜色和场景光源有关，而且还与其他许多因素相关，包括被测物体表面的粗糙度、表面与光源以及相机之间的角度、被测物体表面与光源及观察者之间的距离等。

4.1 颜色物理学

人体的感觉神经细胞大致能够察觉波长在 $400 \sim 700$ nm 的电磁辐射，产生相应的色感（参见图 4.2）。对于蓝色光而言，波长是 500×10^{-9} m；对于红色光而言，波长是 700×10^{-9} m。真空中的光速是 3×10^{8} m/s，根据速度、频率、波长之间的关系，易得波长越长，对应的波频率越低，能量越小；反之亦然。

相比于人类能够感知的光谱范围，机器检测光辐射的能力强得多。例如，医院中常见的电子计算机断层扫描（CT）利用精确准直的 X 射线、γ 射线、超声波等，与灵敏度极高的探测器一同围绕人体的某一部位做连续的断面扫描，可用于多种疾病的检查。另外，目前安防领域中使用的 CCD 相机能够灵敏地检测人体辐射的红外线。随着科学技术的进步，目前在智能视觉邻域已经研制出对像素进行测量的设备，比如 RGB 深度相机，可以精确测量物体的三维信息。

图 4.2　电磁光谱图

4.1.1　感测被照物体

图 4.3 表明物体表面所呈现的颜色是由表面向视线方向反射进入人眼中的光决定的。当光照射到物体表面时，光可能被吸收、反射和透射，被物体吸收的部分转换为热，只有反射、透射的光能刺激摄像机头内的传感元件或者生物体内的视觉细胞。对于物体颜色的感知，主要取决于以下三个因素：

1）照射到物体表面光波长的分布。

2）物体表面如何反射照射光。

3）传感器或视觉细胞的敏感性。

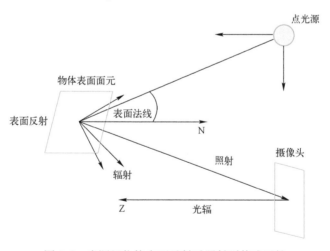

图 4.3　光源经物体表面反射后照射到传感元件

例如，一个物体呈现红色，是因为太阳光（白光）照射到它的表面时，其表面材料反射波长在 620~760 nm 范围内的光；而一辆黑色汽车在强烈的阳光照射下，摸起来会很热，是因为汽车表面会辐射出大量能量，虽然人眼看不到这种能量，但是红外摄像头可以观测到。

除了上述提及的三个主要因素外，还有一些复杂因素能够影响成像。其中，物体表面的粗糙度对成像影响很大。光射到粗糙表面的反射称为漫反射，光射到光滑表面的反射称为镜面反射；对于同样的点光源，离光源较近的表面吸收的能量比离得远的表面要多，即接收的能量强度与距离呈反比例关系；对于相同的反射光与物体材料而言，图像像素强度与光线的距离呈反比例关系；此外，有时候表面面元相对光源的方向甚至比距离更重要。

4.1.2 感受器的敏感性

感受器敏感性是指感受器对某些特定范围波长的光比对其他光波更加敏感的特性。图 4.4 是人眼锥状体对不同波长光线的敏感曲线，三条曲线分别对应于人眼中三种不同的锥状体，"蓝视锥"曲线所对应的锥状体对波长在 400～500 nm 之间的蓝色光敏感；"绿视锥"曲线所对应的锥状体对绿光非常敏感，而对较短的蓝色光与较长的红色光敏感性略低。虽然光的波长数目理论上有无数个，但只要有三种感受器就可以产生可见光范围内的所有色感。自然界中许多生物体只有一种或两种光感受器，因此产生的色感远不如人类丰富。现实相机中的固态传感元件在人类色感范围外，依旧有很好的敏感性，产生的颜色信息也更加丰富。

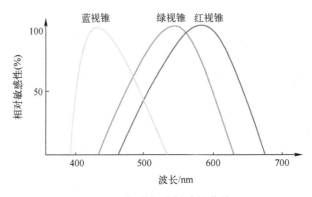

图 4.4　视觉细胞敏感性曲线

有一点需要注意的是，由于机器视觉系统和人眼对于红外线辐射的敏感性不同，机器视觉系统检测到的场景与操作人员看到的不一定是相同的，诸如温度、湿度等都会影响机器的检测结果。

4.2　基色系统

4.2.1 RGB 基色系统

人类仅仅通过三种感受器大概可以分辨出数千种颜色，目前更精确的数字还存在争议。RGB 基色系统通常使用 3 字节编码，总计可以产生 2^{24} 种不同的颜色编码。在这里所说的是编码而不是颜色，是因为实际上人眼并不能感知如此众多的颜色，但是机器可以辨别出编码不相同的颜色，而这些编码在现实世界中也许并不能表现出显著的差异。在 3 字节像素表示中，红、绿、蓝各占一个字节，它们在内存中的顺序并不固定，取决于具体的编程实现。如果显示器的分辨率与人眼匹配，则称它使用的是真彩色。RGB 基色系统也有使用 15 位编码，其中，R、G、B 各占 5 位；而 16 位的编码系统中绿色占 6 位，是因为人眼对绿色的敏感程度相对较大。

RGB 三基色可以编码得到可见光谱中的任意颜色。如图 4.5 所示，红色(255,0,0)和绿色(0,255,0)等量混合就会得到黄色(255,255,0)。与一种基色对应的数字表示该基色的颜色强度。如果每种基色都是最大值 255，结果就是白色。等比例混合产生的颜色从灰色(c,c,c)到黑色(0,0,0)，其中，c 的取值范围是 0~255。在一般算法中，使用 0~1 范围的数值要比 0~255 更加方便。

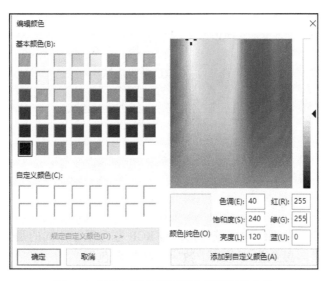

图 4.5 红色与绿色等量混合得到黄色分量

RGB 系统本质是一个加色系统，向黑色(0,0,0)中加入不同成分的基色形成新的颜色，这与 RGB 显示器有很好的对应。RGB 显示器内部有三种发出光线的荧光粉，三个彼此相邻的荧光粉构成一个像素，这些荧光点受到强度分别为 c_1、c_2、c_3 的电子光束的轰击。来自阴极射线显像管（CRT）屏幕上小片区域的三条光波，在物理上被叠加或混合到一起。人眼对三种荧光进行综合，产生颜色(c_1,c_2,c_3)的感觉。

如果将数字图像的一个像素编码为(R,G,B)，取值范围是(0,0,0)~(255,255,255)，式（4.1）是一种对图像进行规范化处理的方法，便于进行颜色系统转换，也方便计算机运算和人的判断。式中，I、R、G、B 分别为强度、红色、绿色、蓝色规范化后的值。当一台彩色摄像机在光照发生变换的场景下工作时，被拍摄物体表面上的点与光源的距离是不同的，甚至对于某些光源来说有的点位于阴影中。在这种情况下，如果不进行强度规范化处理，后续算法的结果将会非常糟糕。

$$I=(R+G+B)/3$$
$$R=R/(R+G+B)$$
$$G=G/(R+G+B)$$
$$B=B/(R+G+B)$$

$$(4.1)$$

利用式（4.1），规范化后的 R、G、B 值之和始终为 1。当然，还有其他的规范化方法，比如可以用 R、G、B 中的最大值做除数而不是 R、G、B 的平均值。由于 $R+G+B=1$，颜色坐标之间的关系可以用图 4.6 表示。例如，红色在右下角(1,0)附近，绿色在上面(0,1)处，而白色位于中心(1/3,1/3)处。图4.6中，蓝色轴 b 与 r 轴、g 轴垂直，方向由纸面向外，这样实际上三角形是通过点[1,0,0]、[0,1,0]、[0,0,1]的三维坐标系中的一个面。

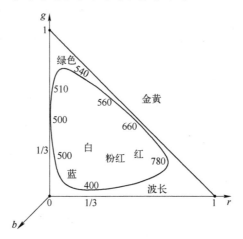

图 4.6　RGB 基色系统颜色坐标关系示意图

4.2.2　CMY 基色系统

CMY 基色系统在工业系统中比较常见，与 RGB 基色系统不同的是，它是从白色值上减去某个数字，而不是向黑色值加上某个数字。减法混色图如图4.7所示。CMY 是青（Cyan）、洋红（或品红，Magenta）和黄（Yellow）三种颜色的简写，对应三种墨水，青色吸收红光照射，品红色吸收绿光，黄色吸收蓝光，因此当印好的图像被白光照射时会产生对应的反射效果。该基色系统是根据被吸收颜色而编码的，因此被称为减色系统。部分颜色的编码情况如下：白色编码(0,0,0)，因为白光不会被吸收；黑色编码(255,255,255)，因为白光的所有成分都会被吸收；黄色编码(0,0,255)，因为入射白光中的蓝色成分被墨水吸收，从而留下红色和绿色的成分，就产生了黄色的感觉。

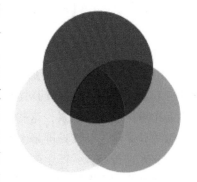

图 4.7　减法混色图

4.2.3　HSV 基色系统

与下一节介绍的 HSI 基色系统比较，HSV 系统中用值（Value）代替强度（Intensity）。HSV 是一种将 RGB 色彩空间中的点在倒圆锥体中表示的方法。HSV 即色相（Hue）、饱和度（Saturation）、明度（Value），又称 HSB（B 即 Brightness）。HSV 颜色空间，更类似于人类感觉颜色的方式，封装了关于颜色的信息："这是什么颜色？深浅如何？明暗如何？"

色相（H）是色彩的基本属性，就是平常说的颜色的名称，如红色、黄色等。饱和度（S）是指色彩的纯度，数值越高色彩越纯，降低则逐渐变灰，取值范围为 0~100%。明度（V），取值为 0~max（计算机中 HSV 取值范围和存储的长度有关）。HSV 颜色空间可以用一个圆锥空间模型来描述。如图 4.8 所示圆锥的顶点处，V=0，H 和 S 无定义，代表黑色。圆

锥的顶面中心处 $V=\max$，$S=0$，H 无定义，代表白色。

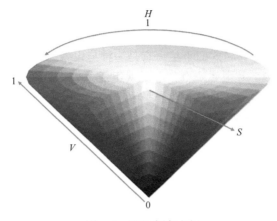

图 4.8　HSV 颜色空间

4.2.4　HSI 基色系统

　　HSI 基色系统是从人的视觉系统出发，用色相（Hue）、色饱和度（Saturation 或 Chroma）和亮度（Intensity 或 Brightness）来描述色彩。HSI 基色系统同样可以用一个圆锥空间模型来描述，如图 4.9 所示，通常把色调和饱和度统称为色度，用来表示颜色的类别与深浅程度。

　　由于人的视觉对亮度的敏感程度远强于对颜色浓淡的敏感程度，为了便于色彩处理和识别，开发出了最接近人类视觉系统的 HSI 基色系统，它比 RGB 基色系统更符合人的视觉特性。在图像处理和计算机视觉中的大量算法都可在 HSI 基色系统中方便地使用，HSI 基色系统中的三个分量可以分开处理而且是相互独立的。因此，在 HSI 基色系统中可以大大简化图像分析和处理的工作量。HSI 基色系统和 RGB 基色系统只是同一物理量的不同表示法，因而它们之间存在着转换关系，其转换关系如下：

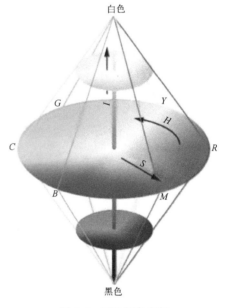

图 4.9　HSI 颜色空间

$$
\begin{cases}
\theta = \arccos\left\{ \dfrac{[(R-G)+(R-B)]/2}{\sqrt{(R-G)^2+(R-B)(G-B)}} \right\} \\
H = \begin{cases} \theta, & B \leqslant G \\ 360-\theta, & B > G \end{cases} \\
S = 1 - \dfrac{3 \times \min(R,G,B)}{R+G+B} \\
I = (R+G+B)/3
\end{cases}
\tag{4.2}
$$

4.2.5 LAB 基色系统

LAB 模式是由国际照明委员会于 1976 年公布并且命名的一种色彩模式。LAB 基色系统弥补了 RGB 和 CMY 两种色彩模式的不足。它是一种与设备无关的颜色模型，也是一种基于生理特征的颜色模型。LAB 基色系统由三个要素组成，一个要素是亮度（L），A 和 B 是两个颜色通道。A 通道包括的颜色是从深绿色（低亮度值）到灰色（中亮度值）再到亮粉红色（高亮度值）；B 通道是从亮蓝色（低亮度值）到灰色（中亮度值）再到黄色（高亮度值）。因此，这种颜色混合后将产生具有明亮效果的色彩。

LAB 颜色空间比计算机显示器甚至比人类视觉的色域都要大，具体表现为 LAB 的位图比 RGB 或 CMY 位图在获得同样的精度时需要更多的像素数据。如图 4.10 所示，LAB 模式所定义的色彩最多，且与光线及设备无关，处理速度与 RGB 模式相当，比 CMY 模式快很多。另外，LAB 模式在转换成 CMY 模式时色彩没有丢失或被替换。因此，最佳避免色彩损失的方法是，应用 LAB 模式编辑图像，再转换为 CMY 模式打印输出。

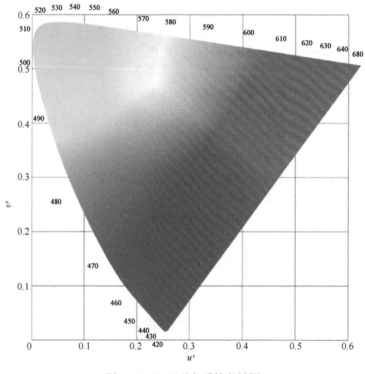

图 4.10　LAB 基色系统色域图

4.3　明暗分析

多种因素使得光物理学和人类感知变得复杂，例如，不同表面的镜面反射特性是不同的。理想的镜面反射是把入射光完全不吸收地沿着对称方向反射出去。理想散射表面在各个方向上的反射能力是相同的。物体表面在反射入射光时不仅与光的波长有关，而且与光的方向有关。此外，表面吸收辐射的能量或强度还与距离有关，离光源点较近的表面面元要比距离较远的表面面元接收的能量大。

4.3.1　单一光源的照射

如图 4.11 所示，当远处某一光源照射到目标物体表面时，一般很难找到观察表面的视点位置，因此只考虑表面如何被光源照射。假定光源距离物体很远，从物体表面到光源的所有方向，可以用一个单位长度的向量 s 表示，n 表示表面面元法线向量，i 表示入射强度，。表示余弦运算，则到达表面面元 A 的单位面积光能的数学模型为

$$i \sim n \circ s \tag{4.3}$$

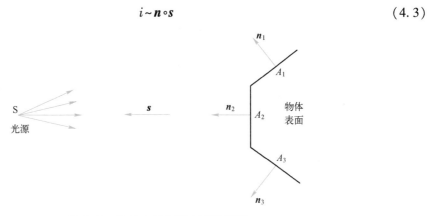

图 4.11　物体 A 被光源 S 照射模型

光源可以向各个方向发射能量，也能像聚光灯那样只向一个锥形区域发光。两种情况下光源的功率都可以用每球面的瓦特数表示，即以光源为中心，单位球体锥形角的单元面所发出的能量。上述模型可以扩展到曲面物体，此时只需考虑矩形表面面元无穷小的情况。

4.3.2　漫反射

考虑来自物体表面的反射，对上述模型进行扩展，建立表面面元对应视点位置 V 的外观模型。如图 4.12 显示了漫反射（朗伯反射），在以表面面元为中心的半球体的所有方向上对入射光进行均匀反射。表面漫反射光强 i 与入射光强度成正比，见式（4.4）。其中，常量系数 n_j 是表面的反射率，深色表面的反射率较小，浅色表面的反射率较大。

$$i \sim n_j \circ s \tag{4.4}$$

值得注意的是，由于漫反射表面在所有方向上均匀反射光线，所以从任意视点来观察，表面面元都具有同样的亮度，它与观察者的位置无关。参考图 4.12，无论是从位置 V_1 还是位置 V_2 观察，表面面元 A_1 也将有同样的亮度。如果三个表面的构成材料相同，则它们具有同样的反射率，那么 A_1 将看起来比 A_2 更暗一些，比 A_3 更亮一些，因为这些表面面元与照射方向所成的角度不同，无论是从位置 V_1 还是位置 V_2 观察，都观察不到表面面元 A_3。

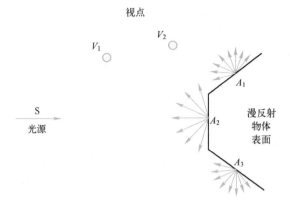

图 4.12　漫反射示意图

4.3.3　镜面反射法

　　镜面反射是指像镜子一样将大部分入射光沿着对称方向反射出去，如图 4.13 所示，反射线 R 与表面的法线 N 和入射线 S 在同一个平面上，并且入射角等于反射角。对于理想镜面，将入射线 S 的光沿着 R 方向全部反射出去。此外，反射光与入射光具有同样的波长，与物体表面实际颜色无关。下列式（4.6）给出了反射光线 R 的计算公式，式（4.5）是镜面反射模型，i 为镜面反射强度参数，α 称为表面反光参数，通常 α 的值为 100，对于很亮的表面 α 更大一些。

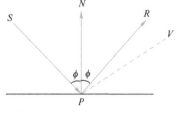

图 4.13　镜面反射示意图

$$i \sim (R \circ V)^{\alpha} \tag{4.5}$$

$$R = 2N(N \circ (-S)) \oplus S \tag{4.6}$$

4.3.4　随距离变大而变暗

　　光能到达表面的强度会随着距离变大而减小，比如地球接收到太阳的能量比金星要小。上述现象的模型如图 4.14 所示。假设光源单位时间内释放的能量恒定，且光源的任何球面在一定单位时间内拦截相同的能量，由于球的表面积与半径的平方成正比，那么单位面积的能量与半径的平方成反比，所以物体表面接收的入射光强度会随着光源距离的平方而下降。

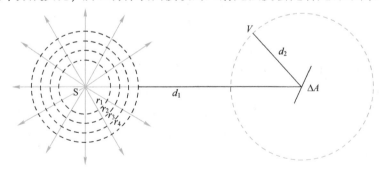

图 4.14　点光源通过球面

图 4.14 中将这个距离记为 d_1，并将此模型应用到物体表面面元接收的反射光能量上，空间 V 处的观察者观察到的表面亮度与距离 d_2 的平方成反比。这种平方反比模型在计算机图形学中，用来绘制表面的明暗变化，使得用户能够感受到 3D 距离或深度。

4.3.5　人类的色感机制

关于人类的色感机制问题，已经有许多科学家进行了探索，并且提出了色觉理论，其中最有代表性的是赫尔姆霍兹的三色说和黑林的四色说。三色说认为人的视网膜上有三种基本的颜色感觉纤维，即红色纤维、绿色纤维和蓝色纤维，三种纤维不同程度兴奋的比例关系决定人们所看到的将是什么颜色。四色说认为视网膜上有三对对立感受器官，即红和绿感受器、黄和蓝感受器以及黑和白感受器，前两种感受器的不同活动将决定人们所看到的是什么颜色。

很明显，人类对颜色有偏爱倾向。例如，红色的色感温暖，是一种对人心跳刺激性很强的颜色。红色容易引起人的血压上升，也容易使人兴奋、激动、紧张、冲动，还是一种容易造成人心理疲劳的颜色。而蓝色是一种有助于人头脑冷静的颜色，常为那些性格躁动、具有较强震撼力的色彩，提供一个遥远、广阔、平静的空间。在视网膜中，红绿感受器的数目远大于蓝色感受器的数目，特别是在高分辨的中央凹中蓝色感受器的数目非常少。神经元对来自感受器的输入信息进行集成处理，因此很多颜色计算都在神经元内进行。

色彩会因不同观者、不同条件而有不同的感受，因此引发出色感（冷暖感、胀缩感、距离感、重量感、兴奋感等，由此可将色彩划为积极的与消极的两种倾向）、对色彩的好恶（包括对单色或复色、不同色调的好恶）、色彩的意义（象征性、表情性等）、色听现象（即联觉）等问题。简言之，人类的色感机制以生理学为基础，辅以心理学理论，目前提出了许多有意义的学说。

4.4　纹理与描述

纹理是另一种图像特征，可用来将图像分割成感兴趣的区域，并对这些区域进行分类。在有的图像中，纹理可以定义为区域的特性，且对于获得正确的图像分析是非常关键的。

4.4.1　纹理特征的概念

纹理是一种反映图像中同质现象的视觉特征，体现了物体表面的具有缓慢变化或者周期性变化的表面结构组织排列属性。图 4.15 中的图像有三种显著不同的纹理：金毛的纹理、草丛的纹理以及建筑物的纹理。这些纹理可以量化表示，并用来识别物体所属的类别。

纹理具有三大标志：

1）某种局部序列性不断重复。

2）非随机排列。

3）纹理区域内大致为均匀的统一体。

不同于灰度、颜色等图像特征，纹理通过像素及其周围空间邻域的灰度分布来表现，即局部纹理信息。另外，局部纹理信息不同程度上的重复性，就是全局纹理信息。

纹理特征体现全局特征的性质的同时，也描述了图像或图像区域所对应景物的表面性

图 4.15　不同物体表面纹理对比

质。但由于纹理只是一种物体表面的特性，并不能完全反映出物体的本质，所以仅仅利用纹理特征无法获得高层次的图像内容。与颜色特征不同，纹理特征不是基于像素点的特征，它需要在包含多个像素点的区域中进行统计计算。在模式匹配中，这种区域性的特征具有较大的优越性，不会由于局部的偏差而导致匹配失败。

　　在检索具有粗细、疏密等方面差别较大的纹理图像时，利用纹理特征是一种有效的方法。但当纹理之间的粗细、疏密等易于分辨的信息之间相差不大的时候，通用的纹理特征很难准确地反映出不同纹理之间的差别。例如，水中的倒影、光滑的金属表面互相反射造成的影响等都会导致纹理的变化。由于这些不是物体本身的特性，因而将纹理信息应用于检索时，有时这些虚假的纹理会对检索造成"误导"。

4.4.2　纹理特征的主要应用

　　纹理特征分析作为一项智能感知领域的重要技术，广泛应用在工业、医学和遥感以及多媒体等诸多方面。

　　在工业上，纹理特征主要用于对物体表面缺陷的自动检测，大大节省人力资源，节约时间，提高效率。已有相当多的纹理分析方法用于缺陷自动检测系统。例如，对丝织品、绘画、木制家具等器物表面的瑕疵进行检测，从而评定产品的质量。

　　在医学中，随着 B 超、X 射线断层扫描技术等在临床医学上的推广和应用，纹理特征在医学中发挥着越来越重要的作用。通过纹理特征可以有效地检测和识别出发生病变的器官和细胞从而辅助医生进行治疗，提高诊断的准确性和客观性。发生病变的器官和细胞在 CT 图像中呈现出与正常细胞不同的视觉特征，因此可以通过纹理特征分析对病变的细胞和器官进行识别。

　　在遥感领域，纹理特征分析具有相对成熟的应用。由于不同的物体表面呈现出形态各异的纹理，例如，结构细腻的区域往往表示草地、平原、湿地流域、细微粒状沉积岩；粗糙纹理结构区域一般为火成岩等。据此可以通过纹理特征对遥感图像进行分割，识别区分出各种地貌。

4.5　测量纹理特征

绝大多数情况下，在实际图像中分割纹理比分割人工生成的模式要困难得多。相反，描述纹理的数量或统计值可从灰度值（或颜色）本身计算出来，这种方法虽然直观性较差，但计算方便，可有效用于纹理的分割和识别。

为了定量描述纹理，多年来人们建立了许多纹理算法以测量纹理特征。这些方法大体可以分为两大类：统计分析法和结构分析法。前者从图像有关属性的统计分析出发；后者则着力找出纹理基元，然后从结构组成上探索纹理的规律，也有直接去探求纹理构成的结构规律的。下面简述几种常用的测量纹理特征方法。

4.5.1　边缘密度与方向

边缘检测方法众多，是典型的特征检测方法，因此通常将边缘检测作为纹理分析的第一步。在给定区域中，边缘像素点个数反映了该区域的纹理的粗糙度和复杂性。粗糙的纹理由于局部邻域内的灰度相似，并没有太大变化，因而边缘密度较小；细致的纹理局部邻域内灰度变化较快，因此边缘密度较大。另外，边缘的方向一般也有助于刻画纹理模式，它们往往是边缘检测的另一个结果。

假设给定含有 N 个像素的区域，对该区域应用基于梯度的边缘检测算子，则每个像素 p 产生两个输出：梯度 $mag(p)$ 和梯度方向 $dir(p)$。一种非常简单的纹理特征是每单位面积的边缘数，对于某个阈值 T，该纹理特征定义如下：

$$F = \frac{|\,|\,p\,|\,mag(p) > T\,|}{N} \tag{4.7}$$

每单位面积的边缘数量度量了纹理分布的密集度，但不包括纹理的方向。

对上述测度进行扩展，使其既包括密集度又反映边缘方向，可以用梯度幅值和梯度方向两种直方图。假设 $H_{mag}(R)$ 表示区域 R 的梯度幅值的规范化直方图，而 $H_{dir}(R)$ 表示区域 R 的梯度方向的规范化直方图，关于区域 R 中纹理的定量描述如下：

$$F_{mag,dir} = (H_{mag}(R), H_{dir}(R)) \tag{4.8}$$

4.5.2　局部二值分解

一个简单且有效的纹理测度是局部二值分解（LBP），对图像中的每个像素 p，检查它的 8 个邻点，看是否有比 p 大的亮度值，从 8 个邻点得到的结果用于构造 8 位二进制数字 $a_1a_2a_3a_4a_5a_6a_7a_8$，如果第 i 个邻点的亮度值小于或等于 p 的亮度值，则 $a_i = 0$，否则 $a_i = 1$，用这些数字的直方图表示图像纹理。如图 4.16 为局部二值分解算法的计算过程，定义图像窗口如图 4.16a 所示，取中心点的灰度值为 96，依次与周围 8 邻域内的灰度值进行比较，将大于中心灰度值的位置置为 1，小于则置为 0，如图 4.16b 所示。然后，按照顺时针或者逆时针方向进行编码，就可得到 8 位二进制数字。这个二进制数字是中心像素的 LBP 值，LBP 值反映了该区域的纹理信息。

在纹理分析方面，局部二值分解是效果比较好的纹理描述方法之一（图 4.17），它主要有以下几个优点：

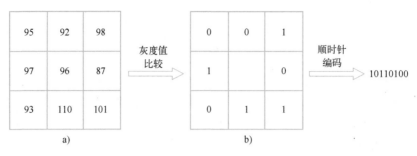

图 4.16　局部二值分解算法计算过程示意图

1）局部二值分解算法在光照条件下的鲁棒性较好，能够一定程度上缓解光照变化带来的问题。

2）由于该算法通过在小邻域内进行比较操作得到，使得算法的特征维度低，计算速度快。

3）该算法具有旋转不变性。

图 4.17　局部二值分解算法测量图像纹理

a）原始灰度图　b）经局部二值分解处理后的图像

4.5.3　共生矩阵和特征

灰度共生矩阵法，顾名思义，就是通过计算灰度图像得到它的共生矩阵，然后根据这个共生矩阵得到矩阵的部分特征值，来分别代表图像的某些纹理特征（纹理的定义仍是难点）。灰度共生矩阵能反映图像灰度关于方向、相邻间隔、变化幅度的综合信息，它是分析图像的局部模式及其排列规则的基础。

灰度共生矩阵是图像中两个像素灰度级联合分布的统计形式。灰度共生矩阵是从图像中灰度为 i 的像素 (x,y) 出发，统计与其距离为 δ、灰度为 j 的像素 $(x+\Delta x,y+\Delta y)$ 同时出现的概率 $p(i,j,\delta,\theta)$。其数学表达式为

$$p(i,j,\delta,\theta)=\{[(x,y),(x+\Delta x,y+\Delta y)]\mid f(x,y)=i,f(x+\Delta x,y+\Delta y)=j;$$
$$x=0,1,\cdots,N_x-1;y=0,1,\cdots,N_y-1\} \tag{4.9}$$

式中，i、$j = 0, 1, \cdots, L-1$；(x, y)是图像中像素坐标；L 为图像的灰度级数；N_x、N_y 分别为图像的行列数；θ 为两像素连线按顺时针与 x 轴的夹角。

灰度共生矩阵常用的特征参数有以下几种。

1）角二阶矩（能量）：角二阶矩是图像纹理的灰度分布均匀性的度量。由于角二阶矩是灰度共生矩阵元素值的平方和，也称为能量。

$$\text{ASM} = \sum_i \sum_j p(i,j)^2 \tag{4.10}$$

2）惯性矩（对比度）：图像的惯性矩可以理解为图像的清晰度和纹理沟纹深浅的程度。在图像中，纹理的沟纹越深，则其对比度越大，图像越清晰；反之，对比度小，则沟纹浅，效果模糊。

$$\text{CON} = \sum_i \sum_j (i-j)^2 p(i,j) \tag{4.11}$$

3）相关性：它用来衡量灰度共生矩阵的元素在行的方向或列的方向的相似程度。当矩阵元素值均匀相等时，相关值大；相反，如果矩阵像素值相差很大则相关值小。

$$\text{COR} = \frac{\sum_i \sum_j klp(i,j) - \mu_x \mu_y}{\sigma_x \sigma_y} \tag{4.12}$$

4）熵：熵是图像所具有的信息量的随机性度量。若图像没有任何纹理，则熵值几乎为零，若细纹理多，则熵值大。它表示了图像中纹理的非均匀程度或复杂程度。

$$\text{ENT} = -\sum_i \sum_j p(i,j) \log_2 p(i,j) \tag{4.13}$$

5）局部均匀性（逆差矩）：局部均匀性反映图像纹理的同质性，度量图像纹理局部变化的多少。其值大则说明图像纹理的不同区域间缺少变化，局部非常均匀。

$$\text{LocalCalm} = \sum_{i=0}^{L-1} \sum_{j=0}^{L-1} \frac{p(i,j)}{1 + (i-j)^2} \tag{4.14}$$

4.5.4 Laws 纹理能量测度

利用灰度共生矩阵方法计算纹理特征时会降低图像的灰度级数，将会损失图像的细节特征，针对这些缺点，南加州大学的肯尼斯·伊万·劳斯（Kenneth Ivan Laws）研发了一种纹理能量测量方法并在许多领域获得广泛应用。Laws 首先度量一个大小固定的窗口内的变化量，然后用 9 个 5×5 的二维卷积模板计算纹理能量，这 9 个模板向量可以对具有不同特征的纹理进行能量测度。纹理分析的模板向量如下：

$$\begin{cases} \boldsymbol{L}_5 = [1,4,6,4,1] \\ \boldsymbol{E}_5 = [-1,-2,0,2,1] \\ \boldsymbol{S}_5 = [-1,0,2,0,-1] \\ \boldsymbol{R}_5 = [1,-4,6,-4,1] \end{cases} \tag{4.15}$$

每种模板对应一种类型的纹理特征，$\boldsymbol{L}_5$ 向量表示灰度特征，$\boldsymbol{E}_5$ 向量检测边缘，$\boldsymbol{S}_5$ 向量检测点，$\boldsymbol{R}_5$ 向量检测波纹。注意，除 $\boldsymbol{L}_5$ 以外的所有向量求和均为零。计算向量对的外积得到二维卷积模板。例如，模板 $\boldsymbol{E}_5\boldsymbol{L}_5$ 是按下面方式计算 $\boldsymbol{E}_5$ 和 $\boldsymbol{L}_5$ 的乘积得到的：

$$\begin{bmatrix} -1 \\ -2 \\ 0 \\ 2 \\ 1 \end{bmatrix} \times \begin{bmatrix} 1 & 4 & 6 & 4 & 1 \end{bmatrix} = \begin{bmatrix} -1 & -4 & -6 & -4 & -1 \\ -2 & -8 & -12 & -8 & -2 \\ 0 & 0 & 0 & 0 & 0 \\ 2 & 8 & 12 & 8 & 2 \\ 1 & 4 & 6 & 4 & 1 \end{bmatrix} \tag{4.16}$$

Laws 纹理测度的第一步是去除外部光照的干扰：对于给定图像，用一个小窗口进行移动，从每个像素中减去窗口内的局部平均值，产生一幅预处理后的图像，其中，每个邻域的平均亮度值接近 0。滑动窗口的大小取决于图像的类型，对于自然场景可以采用 15×15 的窗口；然后用 16 个 5×5 的模板对预处理后的图像进行滤波，得到 16 幅滤波后的图像。假定像素 $[i,j]$ 处第 k 个模板滤波的结果值为 $F_k[i,j]$，那么对于滤波器 k 的纹理能量 E_k 定义如下：

$$E_k[r,c] = \sum_{j=c-7}^{c+7} \sum_{i=r-7}^{r+7} |F_k[i,j]| \tag{4.17}$$

每个纹理能量图都是一幅完整的图像，表示用第 k 个模板对输入图像进行处理。

对于上述 16 幅能量图，某些对称对可以相互结合，最终产生 9 个图，每一对用它们的平均值代替。例如，L_5E_5 测量垂直边缘，E_5L_5 测量水平边缘。这两个图的平均值测量总边缘。9 个合成的能量图是

$$\begin{array}{ccc} L_5E_5/E_5L_5 & L_5S_5/S_5L_5 & E_5E_5 \\ L_5R_5/R_5L_5 & E_5S_5/S_5E_5 & S_5S_5 \\ E_5R_5/R_5E_5 & S_5R_5/R_5S_5 & R_5R_5 \end{array} \tag{4.18}$$

至此，所有处理的结果将给出 9 个能量图，或者从概念上说，是一幅图像，它的每个像素点都含有 9 个能量图；从另一个角度来说，图像中的每个像素点都由含 9 个纹理特征的向量来描述。

4.5.5 自相关和功率谱

自相关函数用来描述相距一定距离的两个像素之间的相似度。若有一幅图像 $f(i,j),i,j=0,1,\cdots,N-1$，则该图像的自相关函数定义为

$$\rho(x,y) = \frac{\displaystyle\sum_{i=0}^{N-1}\sum_{j=0}^{N-1} f(i,j)f(i+x,j+y)}{\displaystyle\sum_{i=0}^{N-1}\sum_{j=0}^{N-1} f(i,j)^2} \tag{4.19}$$

自相关函数具有如下规律：

1）当纹理较粗时，$\rho(x,y)$ 随 d 的增加下降速度较慢。

2）当纹理较细时，$\rho(x,y)$ 随 d 的增加下降速度较快。

3）随着 d 继续增加，$\rho(x,y)$ 则会呈现某种周期性的变化，其周期大小可描述纹理基元分布的疏密程度。

傅里叶功率谱纹理分析法借助于傅里叶变换与功率谱：

$$F(u,v) = \int_{-\infty}^{+\infty} \int_{-\infty}^{+\infty} f(x,y) e^{-j2\pi(ux+vy)} \mathrm{d}x\mathrm{d}y \tag{4.20}$$

$$|F(u,v)|^2 = F^*(u,v)F(u,v) \tag{4.21}$$

功率谱的径向分布与图像 $f(x,y)$ 空间域中的纹理的粗细程度有关。对于稠密的细纹理，功率谱沿径向的分布比较分散；对于稀疏的粗纹理，功率谱往往比较集中于原点附近；对于有方向性的纹理，功率谱的分布将偏置于纹理垂直的方向上。

频谱法借助于傅里叶频谱的频率特性来描述周期的或近似周期的二维图像模式的方向性。常用的三个性质是：

1）傅里叶频谱中突起的峰值对应纹理模式的主方向。

2）这些峰在频域平面的位置对应于模式的基本周期。

3）如果利用滤波把周期性成分除去，剩下的非周期性部分可用统计方法描述。

实际检测中，为简单起见可把频谱转换到极坐标中，此时频谱可用函数 $S(r,\theta)$ 表示。对每个确定的方向 θ，$S(r,\theta)$ 是一个一维函数 $S_\theta(r)$；对每个确定的频率 r，$S(r,\theta)$ 是一个一维函数 $S_r(\theta)$。对给定的 θ，分析 $S_\theta(r)$ 可以得到频谱沿原点射出方向的行为特性；对给定的 r，分析 $S_r(\theta)$ 可以得到频谱在以原点为中心的圆上的行为特性。如果把这些函数对下标求和可得到更为全局性的描述，即

$$\begin{cases} S(r) = \sum_{\theta=0}^{\pi} S_\theta(r) \\ S(\theta) = \sum_{r=1}^{R} S_r(\theta) \end{cases} \tag{4.22}$$

式中，R 是以原点为中心的圆的半径；$S(r)$ 和 $S(\theta)$ 构成整个图像或图像区域纹理频谱能量的描述。

4.6　纹理分割

纹理分割及纹理分析的方法不胜枚举，随时会有新的特征提取方法、特征选择、特征整理（当特征太多时）以及由此发展的分割方法出现。特征是纹理分割的关键，一般灰度图像的分割是基于灰度一致性和相近性来表征区域的一致性，从而实现分割。在纹理图像中区域的一致性是由区域内纹理的某些特征的一致性来表示的，分割一定是在某个或某些特征的基础上进行的。

纹理分割的常用方法大致可分为两类，即基于边缘的方法和基于区域的方法。其中，基于边缘的方法尝试将边缘定位为对滤波器组的响应，然后对这些响应进行后处理，以填充间隙并生成最终的分割结果。虽然基于边缘的方法取得了较好的效果，但它仍然存在从边缘生成分割的困难，这需要依赖于手工制作的方法并且此问题仍未完全解决。对于基于区域的方法，其主要思想是根据全局强度分布来划分图像。由于空间关系丢失，此类方法试图通过像素的邻域分布来弥补空间关系，例如，Gabor 滤波器是一种短时加窗傅里叶变换，可以在不同尺度和方向上提取相关的特征。

纹理特征提取的方法大致可以归纳为基于特征值的、基于模型的以及基于结构的三类。在基于特征值的方法中，从纹理图像中计算出一些在某个区域内（或区域间的边界处）保持相对平稳的特征值，以此特征值作为特征，表示区域内的一致性以及区域间的相异性，从而实现分割。在基于模型的方法中，假设纹理是以某种参数控制的分布模型方式形成的，从

纹理图像的实现来估计计算模型参数，以参数为特征或采用某种分类策略进行图像分割，实际上基于模型的方法可以看作基于特征值方法的特例。基于结构的方法，是假设纹理图像的基元可以分离出来，并按某种排列规则进行排列，以基元特征和排列规则进行纹理分割。

4.7 本章小结

本章从颜色物理学出发，详细介绍了图像颜色和纹理的分析，包括基色系统、颜色明暗情况、纹理测度等。当前，基于深度学习的图像风格迁移和纹理生成技术不断发展，为图像处理领域带来更高效、更富有创意的处理手段。

习题

1. 对于物体颜色的感知主要取决于哪些因素？
2. 感受器敏感性指什么？
3. 有哪些典型的基色系统？其各自特点是什么？
4. 出版行业常用的基色系统是什么？原因是什么？
5. 漫反射模型的原理是什么？
6. 镜面反射模型的原理是什么？
7. 纹理特征具有哪些标志？
8. 典型的纹理测度方法有哪些？

第 5 章　图 像 分 割

图像分割是指根据特征把一幅图像分成不同的区域，是由图像处理到图像分析的关键步骤。图 5.1 中对彩色图像中颜色相同的区域进行分割，在图像分割中，除了根据颜色进行分割外还可以根据纹理等特征进行分割。在图像分析任务中，区域可以用组成区域的边界像素集表示，例如，目标图像中的直线段或圆弧段。区域也可以定义为既有边界又有特殊形状的像素集合，如圆、椭圆和多边形。当对图像进行处理得到感兴趣区域时，将图像分成目标区域和背景区域。

a)　　　　　　　　　　　　　　　　　　b)

图 5.1　经图像分割得到目标图像

a）荷花图案　b）分割成区域的图像，每个区域是颜色相似的连通像素集合

分割有两个目的，第一个目的是将图像分割成许多部分以便进一步分析。在简单情况下，对操作环境进行控制，对需进一步分析的部分进行分割。例如，从彩色视频图像中分割出人脸的算法。如果人物的衣服及房间的背景与人脸具有不同的颜色分量，这个分割即是可靠的。在复杂情况下，如从灰度航测图像中抽取出完整的公路网络，分割问题就会非常困难，需要应用大量领域知识。

分割的第二个目的是改变图像的表示方法。表示方法的改变意味着需对图像像素进行组织，从而形成更高级的表示单元。这种高级表示单元比像素表示更有意义，且更有利于进一步的分析。

本章讨论的分割方法主要包括经典的聚类算法、区域增长法以及直线和圆弧检测法。

5.1　区域分割

区域分割主要是将待分析的数据进行区域划分，将其中感兴趣的数据片段提取出来做进一步处理，而将其他的数据抛弃，其主要目的是减少后续处理的数据量。区域分割的主要要求有以下几个方面：

1）图像分割后的区域应在某些特征方面表现得一致和同质，如灰度、颜色或纹理。

2）区域内部分布单一，不能有太多的孔洞。

3）对于区域内部的同一特征，相邻区域间应具有明显的差别。

4）分割边界是光滑的，同时要保证空间位置的准确性。

在图像分割中，同时满足这些要求比较困难，因为严格一致和同质的区域一般都充满了孔洞，且边界粗糙。此外，视觉上看似均匀的区域，分割后得到的底层特征并非是均匀的，这时需要利用高层的知识。本章讨论的分割算法可用来分割各种图像，并为各种高层分析服务。

5.1.1 聚类方法

在视觉感知中，对于聚类的定义是将模式向量的集合分成多个子集的过程，这些子集称为聚类（Cluster）。例如，如果模式向量是实数对，如图 5.2 所示的点，聚类的过程是在二维欧氏空间中对相互接近的点的子集进行寻找，每个聚类都是由某种意义上相近的点组成，图中不同的圆圈分别代表不同的类别。

聚类的方法有很多，本节讨论图像分割中用到的几种聚类算法，包括经典聚类算法、迭代 K-均值聚类、Isodata 聚类、简单直方图聚类算法、Ohlander 的递归直方图聚类算法以及 Shi 的图像分割算法。

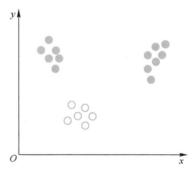

图 5.2　在欧氏空间可被分成三类的点集

1. 经典聚类算法

聚类是将具有相似值的向量分为若干组。在图像分析领域中，向量分别代表像素值以及像素周围的领域。这些向量的元素包括：①强度值；②RGB 值及由此推出的颜色特征；③计算得到的特征值；④纹理度量值。

利用与像素相关的特征对像素进行分组，基于这些度量空间值，对像素进行分门别类后即可利用连通成分标记找到连通区域。

传统聚类中，有 K 个类别 $C_1, C_2, \cdots, C_K$，类的均值分别为 $m_1, m_2, \cdots, m_K$。最小二乘误差测度（Least Square Error Measure，LSEM）定义为

$$D = \sum_{j=1}^{K} \sum_{x_i \in C_K} \| x_i - m_j \|^2 \tag{5.1}$$

最小二乘聚类过程即是在保证 D 最小的情况下，考虑所有 K 个类别的可能划分。该方法的缺点是计算量较大，所以一般采用近似的方法。在聚类的过程中主要的问题是是否预先知道 K。针对 K 有两种解决方法，大部分算法是需要用户预设聚类数 K，另外一种算法则是找到一些指标，根据这些指标找到最佳的 K 值，例如，通过保持每类方差小于某个特定的数值来找到最佳的 K 值。

2. 迭代 K-均值聚类

K-均值（K-means）算法是一种简单的迭代爬山算法，对 n 个 m 维向量进行 K-均值聚类描述如下：

1）令 i_c（迭代次数）为 1。

2）从给定 n 个 m 维向量集中随机选取 K 个向量均值 $m_1(i_c), m_2(i_c), \cdots, m_K(i_c)$，作为初始聚类中心。

3）对每个向量 x_i 计算到聚类中心的欧氏距离 $D(x_i, m_k(i_c)), k=1, \cdots, K, i=1,2, \cdots, n$，将 x_i 分配给使得 $D(x_i, m_k(i_c))$ 最小的聚类 $C_j(i_c)$。

4）i_c 加 1，更新均值得到新的聚类中心 $m_1(i_c), m_2(i_c), \cdots, m_K(i_c)$。

5）重复第 3）步和第 4）步，直到对所有的 k，都有 $C_k(i_c) = C_k(i_c+1)$。

通常情况下可以对第 2）步进行修改，把向量集随机分成 K 个聚类，并计算它们的均值。为了保证算法能够终止，将第 5）步的终止条件修改为，当迭代中发生变动的聚类向量所占百分比非常小时终止。图 5.3 显示的是对图像在 RGB 空间应用 K–均值聚类算法的结果。

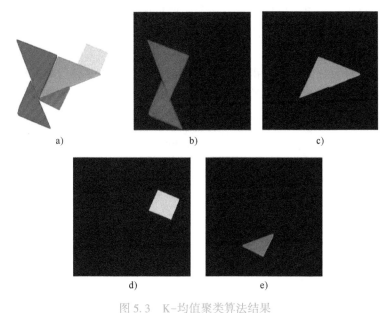

a)　　　　　　　　b)　　　　　　　　c)

d)　　　　　　　　e)

图 5.3　K–均值聚类算法结果

a）积木图像　b）~e）利用 K–均值聚类，得到 $K=4$ 种不同灰度的聚类结果。

4 个聚类对应 4 种颜色：红色、绿色、黄色和紫色

3. Isodata 聚类

Isodata 聚类（Isodata Clustering）是另一种迭代算法，它利用了拆分合并的技术。假设 K 个类别为 $C_1, C_2, \cdots, C_K$，均值向量分别为 $m_1, m_2, \cdots, m_K$，Σ_k 是聚类 k 的协方差矩阵。

如果 x_i 表示成如下形式的向量：

$$x_i = [v_1, v_2, \cdots, v_n] \tag{5.2}$$

那么均值向量 m_k 表示为

$$m_k = [m_{1k}, m_{2k}, \cdots, m_{nk}] \tag{5.3}$$

Σ_k 定义如下：

$$\Sigma_k = \begin{bmatrix} \sigma_{11} & \sigma_{12} & \cdots & \sigma_{1n} \\ \sigma_{21} & \sigma_{22} & \cdots & \sigma_{2n} \\ \vdots & \vdots & & \vdots \\ \sigma_{n1} & \sigma_{n2} & \cdots & \sigma_{nn} \end{bmatrix} \tag{5.4}$$

式中，$\sigma_{ij} = \sigma_i^2$ 是向量的第 i 个元素 v_i 的方差 $\sigma_{ij} = \rho_{ij} \sigma_i \sigma_j$，是向量的第 i 个元素和第 j 个元素的

协方差，ρ_{ij}是第 i 个元素和第 j 个元素的相关系数，σ_i是第 i 个元素的标准差，σ_j是第 j 个元素的标准差。

4. 简单直方图聚类

在进行迭代分割时，需要对图像数据进行多次遍历，而直方图方法只需要遍历图像数据一次，所以直方图聚类在度量空间聚类技术中是一种耗时最短的算法。

直方图模式搜索（Histogram Mode Seeking）是一种度量空间聚类的过程，其中假设图像中的同类目标是度量空间（即直方图）中的聚类。将聚类结果映射回图像区域就可以实现图像分割，其中聚类标号的最大连通成分构成图像区域。对灰度图像进行直方图聚类时，得到灰度直方图后首先确定直方图的波谷，波谷之间的间隔代表着各个类别的聚类，这一过程就实现了度量空间的聚类。下标 i 表示像素值属于第 i 个间隔的像素，其所属分区是所有像素标记为 i 的连通成分之一。

对一般图像进行直方图聚类时得到的直方图都是多模式的，利用阈值化技术进行操作时需要寻找图像的波峰以及波峰之间的波谷。图 5.4 是风景灰度图像的直方图。简单的波谷搜索算法可能把该直方图判断为双模式，并在 39~79 之间取一个阈值。

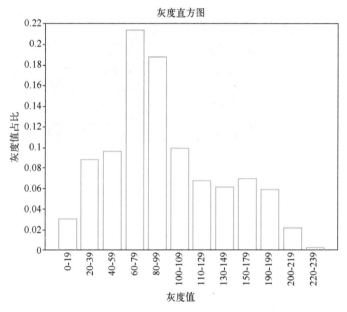

图 5.4　风景灰度图像的直方图

利用试错阈值选择法则产生出 3 个阈值，得到图 5.5 所示的 4 幅阈值化图像，它们表示出图像中有意义的区域。由此可以发现，阈值选择既与直方图有关，又与区域的质量有关。

5. Ohlander 的递归直方图聚类

Ohlander 等人在 1978 年用递归的方式对直方图聚类思想进行了改进。首先定义一个覆盖图像中所有像素的模板，根据定义的模板计算图像上被覆盖区域的直方图。得到直方图后，应用度量空间聚类技术生成一组聚类，然后对图像中的像素进行聚类标注。上述聚类的结果如果只有一个度量空间聚类，则终止当前模板；结果不止一个聚类时，对得到的每个聚

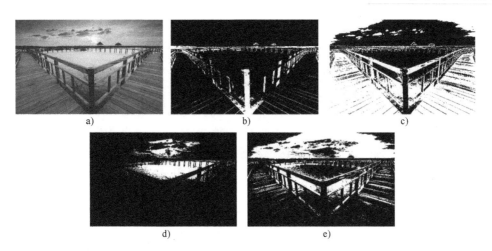

图 5.5　阈值化后的图像

a）原图　b）～e）阈值化图像

类进行连通成分标记运算，产生的连通区域数量与聚类标号数量相同。每个连通区域中会生成一个新模板，将新模板放在模板栈中进行进一步的分割。在迭代过程中，用模板栈中的下一个模板覆盖要进行直方图运算的像素，对每个新模板重复聚类直到栈空为止。图 5.6 显示这个聚类过程，称之为面向直方图的空间递归聚类。

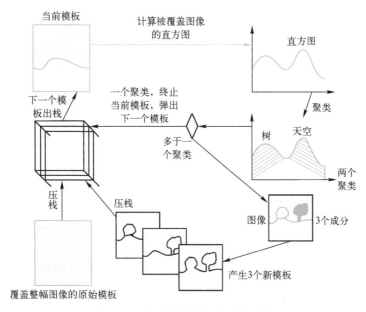

图 5.6　面向直方图的空间递归聚类

对于一般的彩色图像，Ohta、Kanade 和 Sakai（1980 年）建议不要直接对红、绿、蓝（RGB）颜色变量计算直方图，而应该先进行变换，该变换接近于 Karhunen-Loeve（主成分）变换，再计算各变量的直方图。其中，变换方式为 $(R+G+B)/3$ 和 $(2G-R-B)/4$。如图 5.6 所示，原始图像有四个区域：草地、天空和两棵树。当前模板（左上角）表示识别出包含天空和树的区域，接着对它的直方图聚类产生颜色空间的两个聚类：一个是天空，一个是树。天空聚类成一个连通成分,树聚类成两个连通成分。每个连通成分成为新的模板,被压入模板栈中以便进一步的分割。

6. Shi 的图像分割算法

Shi Jianbo 和 Malik 提出的 Ncut 方法是基于图论的图像分割,它利用颜色、纹理或者结合使用颜色和纹理及其他特征对图像进行分割。他们将分割问题化解为求特征向量和特征值的问题。

设 $G=(V,E)$ 是一幅图,可被分成两幅不相交的图,其节点集合分别记为 A 和 B,方法是去掉 A 中节点到 B 中节点之间的连接边。两个集合 A 和 B 之间的不相似程度可用去掉边的权值之和来表示,这个总权值称为切痕(Cut)。

$$\text{cut}(A,B)=\sum_{u\in A,v\in B}w(u,v) \tag{5.5}$$

Shi 根据 $\text{cut}(A,B)$ 的定义提出了规范化切痕(Normalized Cut),A 和整个顶点集合 V 的关联度(Association)定义为

$$\text{asso}(A,V)=\sum_{u\in A,v\in V}w(u,t) \tag{5.6}$$

则规范化切痕定义为

$$\text{Ncut}(A,B)=\frac{\text{cut}(A,B)}{\text{asso}(A,V)}+\frac{\text{cut}(A,B)}{\text{asso}(B,V)} \tag{5.7}$$

总规范化关联度(Normalized Association)由下式给出:

$$\text{Nasso}(A,B)=\frac{\text{asso}(A,A)}{\text{asso}(A,V)}+\frac{\text{asso}(B,B)}{\text{asso}(B,V)} \tag{5.8}$$

式(5.8)表示给定集合内的节点之间相连的紧密程度,它与规范化切痕具有如下关系:

$$\text{Ncut}(A,B)=2-\text{Nasso}(A,B) \tag{5.9}$$

给出规范化切痕和总规范化关联度的定义,还需要通过分割像素集合实现对图像的分割计算。Shi 的分割过程如下:

Shi 分别基于图像亮度、颜色和纹理信息,利用下述算法对图像进行分割。连接边的权值 $\omega(i,j)$ 定义为

$$\omega(i,j)=\text{e}^{-\frac{\|F(i)-F(j)\|_2}{\sigma_I}}*\begin{cases}\text{e}^{\frac{\|X(i)-X(j)\|_2}{\sigma_X}}, & \|X(i)-X(j)\|_2<r \\ 0, & \text{其他}\end{cases} \tag{5.10}$$

式中,$X(i)$ 是节点 i 的空间位置;$F(i)$ 是基于亮度、颜色和纹理信息的特征向量,定义如下:

$F(i)=I(i)$,为图像亮度值,用于分割亮度图像;

$F(i)=[v,v\cdot s\cdot\sin(h),v\cdot s\cdot\cos(h)](i)$,其中,$h$、$s$ 和 v 是 HSV 值,用于颜色分割;

$F(i)=[|I*f_{1i}|,\cdots,|I*f_{ni}|](i)$,其中,$f_i$ 是在不同尺度和方向上的高斯滤波器的二次差分,用于纹理分割。

注意,对大于预设像素 r 的节点对 i 和 j,权值 $\omega(i,j)$ 设为 0。

Shi 的聚类过程如下:

1）建立权连接图 $G=(V,E)$，其节点集 V 是图像像素的集合，边集合 E 是权值为 $\omega(i,j)$ 的一组边的集合，$\omega(i,j)$ 表示连接节点 V_i 和 V_j 的边对应的权值，该权值代表 i 的度量空间向量和 j 的度量空间向量之间的相似度。N 表示节点集合 V 的大小。定义向量 $\boldsymbol{d}$，其分量 $d(i)$ 如下：

$$d(i) = \sum_j \omega(i,j) \tag{5.11}$$

这样 $d(i)$ 表示从节点 i 到所有其他节点的总连接权。设 $\boldsymbol{D}$ 是一个 $N\times N$ 的对角矩阵，其对角向量为 $\boldsymbol{d}$；$\boldsymbol{W}$ 是一个 $N\times N$ 的对称矩阵，$W(i,j)=\omega(i,j)$。

2）设 $\boldsymbol{x}$ 是一个向量，其元素定义为

$$x_i = \begin{cases} 1, & \text{节点 } i \text{ 在 } A \\ -1, & \text{其他} \end{cases} \tag{5.12}$$

设 $\boldsymbol{y}$ 是对 $\boldsymbol{x}$ 的连续逼近，定义为

$$\boldsymbol{y} = (1 + \boldsymbol{x}) - \frac{\sum\limits_{x_i > 0} d_i}{\sum\limits_{x_i < 0} d_i}(1 - \boldsymbol{x}) \tag{5.13}$$

求下列矩阵方程的特征向量 $\boldsymbol{y}$ 的特征值：

$$(\boldsymbol{D}-\boldsymbol{W})\boldsymbol{y} = \lambda \boldsymbol{D}\boldsymbol{y} \tag{5.14}$$

3）利用第二小的特征值对应的特征向量将图分成两部分，找到使得规范化切痕最小的划分点。

4）通过检查切痕的稳定性并保证规范化切痕低于预定的阈值，决定是否需要对当前的划分结果做进一步的分割。

5）如果必要，对分割后的部分再次进行划分。

5.1.2　区域增长法

区域增长（Region Growing）从图像某个位置（通常是左上角）开始，作为一个生长点，合并与该生长点性质相似的相邻像素或区域，增大区域形成新的生长点，直到被比较的像素与区域像素具有显著差异为止。判断是否存在差异通常用统计检验方法，其图像分割效果如图 5.7 所示。Haralick 和 Shapiro 在 1985 年提出区域增长算法，称为 Haralick 区域增长算法。该算法假设区域是具有相同群体均值和方差的连通像素集合。

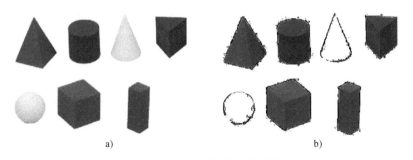

图 5.7　区域增长算法效果图

a）积木图像　b）利用区域增长算法得到的分割图像

设某像素的亮度值为 y，其邻域用 R 表示，邻域内包含 N 个像素，c 为邻域中心点，r 为半径。定义区域均值 $\overline{X}$ 和散度 S^2 为

$$\overline{X} = \frac{1}{N} \sum_{[r,c] \in R} I[r,c] \tag{5.15}$$

$$S^2 = \sum_{[r,c] \in R} (I[r,c] - \overline{X})^2 \tag{5.16}$$

假设 R 中的所有像素与测试像素 y 是相互独立的，且具有相同的分布态，下面的统计量服从 T_{N-1} 分布：

$$T = \left[\frac{\frac{(N-1)N}{N+1}(y-\overline{X})^2}{S^2} \right]^{\frac{1}{2}} \tag{5.17}$$

如果 T 足够小，y 就加入区域 R，利用 y 对均值和散度进行更新。新的均值和散度如下：

$$\overline{X}_{new} \leftarrow \frac{N\overline{X}_{old}+y}{N+1} \tag{5.18}$$

$$S^2_{new} \leftarrow S^2_{old}+(y-\overline{X}_{new})^2+N(\overline{X}_{new}-\overline{X}_{old})^2 \tag{5.19}$$

如果 T 过高，y 不太可能是属于 R 中的像素。如果 y 与所有的邻域都不相同，那么它就开辟一个新的区域。较为严格的连接标准不仅要求 y 必须与邻域的均值足够接近，而且要求该区域中的一个邻点必须与 y 值足够接近。

通过利用 α 水平统计进行显著性测试来给出显著不同的精确含义，计算自由度为 $N-1$ 的 T 统计超过值 $t_{N-1}(\alpha)$ 的概率。如果观测到的 T 大于 $t_{N-1}(\alpha)$，那么就说差别是显著的。如果像素和分割区域确实来自同一群体，那么测试提供不正确答案的概率是 α。

显著水平 α 是用户提供的一个参数，对于较小的自由度，$t_{N-1}(\alpha)$ 的值较高；对于较大的自由度，$t_{N-1}(\alpha)$ 的值较低。区域散度相等的情况下，区域越大，像素值离区域均值就越接近，这样才能将像素合并到区域中，这一行为可以阻止大区域吸收其他像素的趋势，同时可以在区域变大时阻止区域均值漂移。

5.2 区域表示

区域表示是典型的图像分割算法之一，主要适用于必须对图像区域进行存储以备后用的环节。存储方式包括原图上的覆盖图、标记图像、边界编码、四叉树和特征表。标记图像是最常用的表示方法。下面详细介绍这几种表示方法。

5.2.1 覆盖图

覆盖图是显示图像分割区域的一种方法，它在原图上覆盖一种或多种颜色。通常，灰度图像上覆盖的颜色是与灰度明显不同的颜色，可以用红色或白色覆盖。另外，可以将边界像素换成白色来显示分割得到的区域，同时可以用多个像素表示边界的宽度来使边界区域更明显。

5.2.2 标记图像

标记图像是一种区域表示方法，用于对图像的进一步处理。其思想是为图像中符合某种

特定连通规则连通的区域赋予一个唯一的标号（一般是一个整数），从而建立起一幅标记图，其中区域内所有像素都用唯一的标号作为像素值。标记图像也可以用灰度或伪色彩表示，如果标号的整数值较小，灰度图像视觉上显示都是黑色的，这时候通过拉伸标记图像或直方图均衡化可以得到更好的灰度分布。

5.2.3　边界编码

区域不仅可以用图像形式来表示，还可以用其外部特征，即存储为某种数据结构的边界来表示。弗里曼链码（Freeman Chain Code）是点链码的一种变形，可以根据相邻点所处的方向，对不同方向上的点进行信息编码，与原来的点链表相比，占用了更少的空间。从曲线的起点开始，利用与边界点最近的栅格交点定义直线段，该直线段把相邻的两个栅格点连接起来，用一个整数对这些直线段的方向进行编码，根据邻接性不同可分为 4 邻域和 8 邻域链码，如图 5.8 显示的是 8 邻域的链码。0°的直线段编码为 0，45°的直线段编码为 1，以此类推，315°的直线段编码为 7。图 5.8 中闭合曲线的起始点位于取样网格的 $(4,1)$ 处（以取样网格的左上角为坐标原点，水平向右为 y 轴正方向，垂直向下为 x 轴正方向），根据 8 邻域编码规则，以顺时针方向重构该曲线，最后得到的链码表示为 100076543532。

应用链码可以节省空间，同时可以用于曲线自身的后续处理，如基于形状的目标识别。链码可以表示一块区域中的外边界以及内边界。另外，可以用起点归一化或链码的一阶差分来对因起始点不同或图像发生旋转而导致的链码不同进行重新编码。

多边形逼近（Polygonal Approximation），即在不需要抽取边界时，用尽可能少的直线段来描述曲线边界的基本形状。图 5.8 所示为两种边界编码方法：链码编码和多边形逼近，链码编码采用 8 个符号表示直线段的 8 个可能的角度，这些直线段逼近方格上的曲线。多边形逼近采用直线段来拟合原始曲线，直线段的端点具有实值坐标，并不受原始方格点的限制。

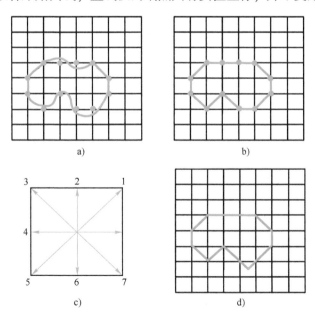

图 5.8　两种边界编码方法

a）原始曲线　b）链码连接　c）100076543532 链码表示　d）多边形近似

5.2.4 四叉树

四叉树（Quadtree）进行区域表示是对整个区域进行编码，而不只是边界，对每个感兴趣区域都用一个四叉树表示。每个四叉树的节点表示图像中的一个方块区域，它有三种标记状态：满（Full）、空（Empty）和混合（Mixed）。如果节点标记为满，那么该节点表示的方块区域中的每个像素都是感兴趣的像素；如果节点标记为空，那么在方块区域与感兴趣区域之间没有交集；如果节点标记为混合，那么方块区域中有一部分像素是感兴趣区域中的像素，而有一些则不是。四叉树中只有混合节点有子节点，满节点和空节点自身都是子节点。图5.9显示图像区域的四叉树表示方法。区域看起来呈块状，因为图像的分辨率仅是8×8，这就产生一个四层的四叉树。要使曲线边界光滑，则需要更多的层数。对于树的第一层，节点有四个子节点，分别对应左上、右上、左下和右下分区，如图中圆圈中的数字所示。M＝mixed，E＝empty，F＝full。

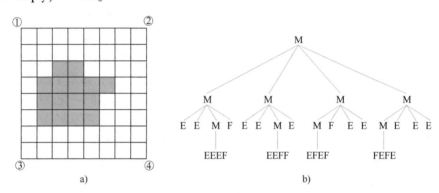

图5.9 图像区域的四叉树表示
a）图像区域 b）四叉树表示

5.2.5 特征表

特征表法也是一种区域表示算法。在关系数据库的意义上它是一个表，其中行表示图像中的每块区域，列表示感兴趣的特征。区域的特征可以是大小、形状、亮度、颜色或纹理。在基于内容的图像检索系统中，区域可能通过面积、最佳拟合的椭圆主轴和次轴之比、两种主要颜色、一种或多种纹理测度等来表示。

5.3 轮廓分割

不同的图像分析任务面向不同的图像区域，有的直接对图像区域进行计算，有的针对区域边界或其他如直线段或圆弧段等结构。本节主要讨论如何从图像中抽取这些结构。

5.3.1 区域边界跟踪

通过聚类算法或基于连通区域的图像分割算法将图像分割为多个区域后，就可以通过某种方法对区域的边界进行抽取。对于小尺寸图像，抽取边界相对大尺寸图像比较容易。小尺寸图像的边界抽取过程为，首先扫描图像，建立边界像素的列表，然后从第一个边界像素开始，沿着顺时针方向按照某种规则跟踪连通成分的边界，直到回到起始点。

下面介绍一种边界查找（Border）算法，它从左到右、从上到下扫描一遍图像，就能抽取出所有区域的边界。该算法输入的是标记图像，输出的是区域边界像素沿顺时针方向的坐标列表，同时对它稍加修改就可用于查找特定区域的边界。

利用边界查找算法时，输入的是一种标记图像，图像像素值表示区域的标记。边界查找算法对图像进行从左到右、从上到下的扫描，搜集组成区域边界连接线段的边界像素链。算法执行过程中，包含当前、过去和未来三种区域，当前区域（Current Region）表示部分边界已经进行了扫描，但尚未产生输出；过去区域（Past Region）表示已经完全扫描并生成边界输出的区域；未来区域（Future Region）表示尚未扫描到区域。

数据结构包括当前区域的边界像素链。由于图像中可能有大量的区域标记，但一次最多只能有 2×number of columns 个区域处于活跃状态，可以采用一个散列表，已知区域标记时能够快速访问区域链（2×number of columns 是安全上限，实际区域数会少一些）。当对一个区域进行扫描并输出结果后，则从散列表中去除该区域。如果在扫描过程中遇到一个新区域，则将其加入散列表。区域散列表的入口指向该区域的连接表。区域链是关于像素位置的连接表，可以从始点或终点开始生长。

跟踪算法可以一次检查标记图像中正在处理的当前行、上一行和下一行，处理上一行和下一行时，可以添加两行虚拟的背景像素，这样可以用同样的方法对所有行进行处理。图 5.10 显示标记图像以及由边界查找算法得到的输出。

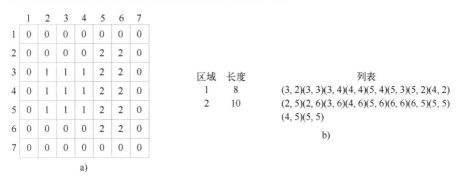

图 5.10　边界查找算法对标记图像的运算结果

a）具有两个区域的标记图像　b）标记图像的边界运算输出

5.3.2　Canny 边缘检测和连接

Canny 边缘检测算子和连接算子能够从图像中抽取边缘线段。Canny 算子很常用，对边缘算子的比较工作说明了它应用的普遍性。图 5.11 是两个汽车车灯的图像，可以看出边缘检测和边界跟踪算法存在的问题：实际目标的轮廓线段与光照或反射造成的边界交错在一起。这样的轮廓很难用通用的目标识别系统进行自下而上的分析，但是对于特定的目标模型，对这种表征进行自上而下的匹配则可成功进行。因此，图像边缘表征的质量与它们在计算机视觉系统中的应用情况有关。

利用 Canny 边缘检测算法对图像轮廓进行检测时，仅利用一个平滑参数 σ 控制就能产生细化的图像轮廓。处理过程为首先用散差为 σ 的高斯滤波器进行平滑处理，之后在平滑处理后的图像中每个像素处计算梯度幅值和方向。如果该像素梯度幅值响应不高于其梯度方

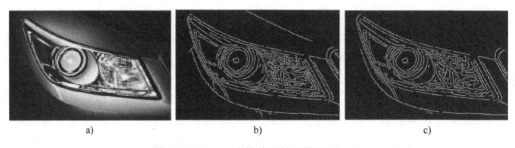

图 5. 11　Canny 边缘检测算子效果图（1）

a）汽车车前灯图像　b）$\sigma=1$ 的 Canny 算子运算结果　c）$\sigma=4$ 的 Canny 算子运算结果

向上两邻点的像素响应，则抑制该像素响应，从而使边缘得到细化，这种方法称为非最大抑制（Nonmaximum Suppression）。图像边缘被细化后，就开始跟踪具有高幅度的轮廓。最后，按顺序找出边缘点跟踪连续的轮廓段。在进行轮廓跟踪时，初始点选择梯度幅值满足高阈值的边缘像素。但是满足高阈值的边缘像素得到的边缘通常含缝隙且不连续，所以需要设定一个值为高阈值一半的低阈值，即双阈值处理，将经过高阈值处理后的边缘图像相加就得到了连续的边缘图。

若边界段本身是闭合的，则可以检测出图像的区域，图 5. 12 和图 5. 13 就是这样的实例。

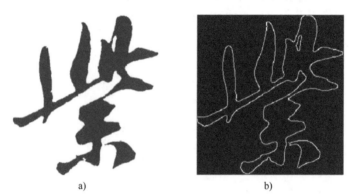

图 5. 12　Canny 边缘检测算子效果图（2）

a）写在纸上的毛笔字　b）运用 Canny 算子得到的检测结果

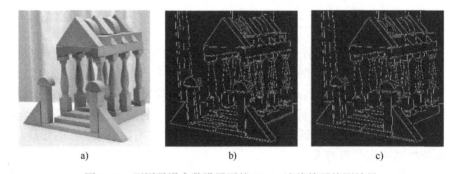

图 5. 13　不同平滑参数设置下的 Canny 边缘算子检测效果

a）积木图片　b）运用 Canny 算子 $\sigma=1$ 得到的轮廓图　c）运用 Canny 算子 $\sigma=2$ 得到的轮廓图

由图 5.13 可知，图片中几个目标的检测效果比较好，但是仍存在一些比较模糊的检测结果。

5.3.3　相邻连贯的边缘生成曲线

对图像进行遍历时，算法沿着每块区域的边界进行跟踪，边界对应的是一个闭合区域，所以不存在把边界分成两段或多段的像素点。如果输入是做了标记的边缘图像，即边缘像素值为 1 而非边缘像素值为 0，那么跟踪边缘线段的问题就更加复杂了。图 5.14 显示的是一幅标记边缘图像。图像中的像素(3,3)是三条边缘线段的连接点。像素(5,3)是一个角点，如果要求线段在角点处结束，那么它也可视为线段端点。算法跟踪这些线段时必须同时考虑下面的任务要求：

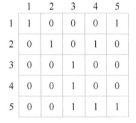

	1	2	3	4	5
1	1	0	0	0	1
2	0	1	0	1	0
3	0	0	1	0	0
4	0	0	0	1	0
5	0	0	1	1	1

图 5.14　标记边缘图像

1）开始一条新线段。

2）给线段加入一个内点像素。

3）结束一条线段。

4）检测连接点。

5）检测角点。

在边缘生成曲线过程中，需要采用有效的数据结构来对过程中每一步的信息进行管理，利用过去、当前和未来线段进行查找。保存在内存中的当前线段通过散列表访问，完成的线段存入磁盘中，释放它们在散列表中占用的空间。定义的扩展邻域算子来决定像素是否是孤立点、新线段的起始点、旧线段的内点、旧线段的终点、连接点或角点。如果像素是内点或者旧线段的终点，那么也要返回旧线段的 ID 号。如果像素是连接点或角点，则返回进入线段的 ID 列表（INLIST）和离开线段的像素列表（OUTLIST）。标记图像上的边缘跟踪过程参照图 5.14。图 5.15 是对图 5.14 的标记图像进行边缘跟踪的结果，假设点(5,3)被判断为角点，如果角点不是线段终点，则线段 3 的长度为 5，其像素列表为(3,3)(4,3)(5,3)(5,4)(5,5)。

线段ID号	长度	列表
1	3	(1, 1)(2, 2)(3, 3)
2	3	(1, 5)(2, 4)(3, 3)
3	3	(3, 3)(4, 3)(5, 3)
4	3	(5, 3)(5, 4)(5, 5)

图 5.15　边缘跟踪的结果

5.3.4　用霍夫变换检测直线和圆弧

霍夫变换（Hough Transform）是检测灰度（或彩色）图像中直线和曲线的一种方法。本节讨论霍夫变换技术，并用它检测图像中的直线段和圆弧段。

1. 霍夫变换技术

霍夫变换计算时将参数空间划分为累加单元，建立累加数组 A，数组的维数与所求曲线簇方程中未知参数的个数对应。以检测直线段 $y = mx + b$ 为例，对每个线段要求两个参数：m 和 b。该直线簇附加一个二维累加数组，对应 m 的量化值和 b 的量化值。该累加数组用于统计在数组 $A[M, B]$ 范围内满足直线 $y = mx + b$ 的取值，其中，M 和 B 分别是 m 和 b 的量化值。

霍夫变换利用累加数组 A 对图像中的每个像素及其邻域进行检查。首先判断该像素点是否为边缘点，如果是边缘点，即强度测度（比如梯度）足够高，则可以估计通过该像素

的直线 $y=mx+b$ 的参数 m 和 b。估计出给定像素的参数后，将参数量化到对应的 M 和 B，累加数组 $A[M,B]$ 再加一个增量，这个增量可以是 1 或者是被处理像素的梯度大小。对所有像素进行处理后，查找累加数组峰值，该峰值对应图像中最有可能的直线参数。

在累加数组中，只包含无限的直线（或曲线）参数，没有对实际线段起点和终点的明确说明，所以为得到该信息，添加了称为 PTLIST 的并行结构。PTLIST$[M,B]$ 是对累加器 $A[M,B]$ 的结果有贡献的所有像素位置的列表，从这些列表可以确定实际线段。

上面描述的是一般霍夫方法，下面详细讨论直线检测和圆检测的霍夫算法。

2. 直线段检测

直线的霍夫变换基本原理如下：假设在图像（在霍夫变换中常称为图像空间）中存在一条直线，即

$$y=kx+b \tag{5.20}$$

其中，斜率 k 和截距 b 为未知量，那么对于考虑图像空间中某个特定的特征点（通常是边缘检测之后得到的边缘点）(x_0,y_0)，经过该点的所有可能的直线均满足方程：

$$b=-x_0k+y_0 \tag{5.21}$$

如果以 k、b 为坐标轴并在直角坐标平面（称为参数空间）中绘制式（5.21）的曲线，可见所有经过点 (x_0,y_0) 的直线在 $k-b$ 参数空间中的轨迹也为一条直线，如图 5.16 所示。

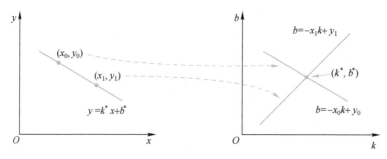

图 5.16　直线霍夫变换原理示意图

在直线上取另一个特征点 (x_1,y_1)，则所有经过 (x_1,y_1) 的直线将在 $k-b$ 参数空间中形成另一条直线：

$$b=-x_1k+y_1 \tag{5.22}$$

如图 5.16 所示，式（5.22）所示的直线与式（5.21）所示的直线存在一个交点 (k^*,b^*)，这个交点对应的直线实际上就是由图像平面中两相异点 (x_0,y_0) 和 (x_1,y_1) 所确定的直线。至此，检测到了图像中经过点 (x_0,y_0) 和 (x_1,y_1) 的直线。

在视觉感知中，足够多的共线点确定的直线会认为确实存在一条直线，而仅由两个共线边缘点所确定的直线不会视为一条真实的直线。但是所有这些共线点所确定的霍夫参数空间中的轨迹都有一个共同点，即它们都经过该直线的真实参数所对应的参数点。因此可以通过在参数空间中的峰值检测操作找到该参数点，并完成图像中直线检测的任务。

对于直线检测，常用的直线参数方程并不是如式（5.21）那样的斜率-截距参数方程，而是如下极坐标形式的方程：

$$\rho = x\cos\theta + y\sin\theta \tag{5.23}$$

式中，θ 为直线的法线向量与 x 轴正向的夹角；而 ρ 为坐标系原点至直线的垂直距离。利用方程（5.23）的霍夫变换进行直线检测的步骤如下：

1）设 θ 的取值范围为 $[0, 180]$，单位为度；根据从坐标系原点到图像四个角的距离估计 ρ 的取值范围，单位为像素。根据检测精度要求，采取适当的步长对 θ 和 ρ 的取值范围进行离散化，形成 θ-ρ 平面上的离散网格。常用的离散化步长分别为 1° 和 1 像素。

2）将每一个离散网格视为一个投票累加器，初始时全部清 0。

3）遍历图像（通常是边缘检测后得到的二值边缘图像）的所有像素，如果访问到特征点（即值为 1 的点）(x, y)，则对于所有的离散 θ 值 θ_i，根据式（5.24）计算出对应的 ρ 值：

$$\rho = x\cos\theta_i + y\sin\theta_i \tag{5.24}$$

然后求出相应的离散化值 ρ_i。对于每个 (ρ_i, θ_i) 对，在参数空间中将对应的累加器中的值加 1，从而完成该特征点的投票。

4）对所有的图像像素进行访问并完成对所有特征点的投票，在离散化空间中找出投票值大于给定某阈值 T 的局部极大值点，这些点所对应的参数即为检测得到的直线的参数。

如图 5.17 所示为利用霍夫变换进行直线检测的示例。图中的灰度图像经 Canny 边缘检测后得到如图 5.17b 所示的边缘图像。由图可见，图像中存在长而连续的直线轮廓，即可验证霍夫变换进行直线检测的正确性与有效性。

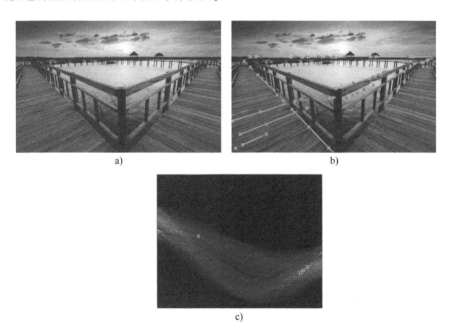

图 5.17　霍夫变换直线检测效果图

a）原始彩色图像　b）Canny 算子检测得到的边缘图像　c）峰值附近的霍夫参数空间图像表示

3. 圆检测

霍夫变换同样可以检测圆和其他参数曲线。圆的标准方程中包含三个参数，即圆心的横、纵坐标以及圆的半径。已知圆上的各点，可以求出点的梯度向量，如图 5.18 所示，沿其梯度方向画线，给线段所经过的累加器单元 $A[r,c]$ "投票"，统计票数最多的即为圆心。得到可能的圆心后，再计算所有边缘点到圆心的距离，按照"投票"的思想，找出符合要求的半径值。在行-列坐标系中，圆用下面的方程表示：

$$r = r_0 + d\sin\theta \tag{5.25}$$

根据指向圆内的梯度，可以求出圆心的位置：

$$c = c_0 + d\cos\theta \tag{5.26}$$

图 5.18 圆周边界点的梯度方向

对这个过程进行简单修改，把梯度幅值考虑进去，类似于直线段检测过程，将其应用于灰度图像上，结果如图 5.19 所示。

| a) | b) | c) |

图 5.19 霍夫变换圆检测效果图

a) 原始灰度图像　b) 边缘检测图像　c) 圆检测结果

4. 任意曲线检测

霍夫变换可推广到具有解析形式 $f(x,a)=0$ 的任意曲线，其中，x 表示图像点，a 是参数向量。过程如下：

1）初始化累加数组 $A[a]$ 为 0。

2）对每个边缘像素 x 确定 a，使得 $f(x,a)=0$，并设 $A[a]=A[a]+1$。

3）A 的局部最大值对应图像中的 f 曲线。

如果在 a 中有 m 个参数，每个参数具有 M 个离散值，那么时间复杂度是 $O(M^m+2)$。霍夫变换方法已经被进一步推广到由一系列边界点确定的任意形状，这就是著名的广义霍夫变换（Generalized Hough Transform）。

5.4 线段拟合模型

在数学领域中，通常需要对数据进行拟合得到一个数学模型，该数学模型不仅能够揭示重要的数据结构，也为进一步分析提供了合适的表达方法。

前面章节中描述的区域分割或边界分割方法可以得到需要拟合的数据，利用最小二乘法对拟合数据进行拟合后得到最佳数学模型的参数。在利用最小二乘法前，需要通过某种方法在候选的模型中确定合适的模型形式，模型形式及参数确定后，就可以得到拟合结果，拟合结果的好坏意味着能否检测出具有某种形状的目标，或为进一步的分析打下基础。

5.4.1　直线拟合

下面通过简单实例解释最小二乘理论。直线模型是带有两个参数的函数 $y=f(x)=c_1 x+c_0$。如果测试一组观测点 $\{(x_j, y_j), j=1,2,\cdots,n\}$ 是否位于该直线上，首先要确定线性函数的最佳参数 c_1 和 c_0，然后计算这些观测点到线性函数的距离，除了用距离来度量拟合的程度外，还可用不同指标度量观测点与模型的近似程度。图 5.20 显示用一条直线来拟合 6 个数据点。可以移动直线，得到另一条不同的直线，拟合结果仍然很好。

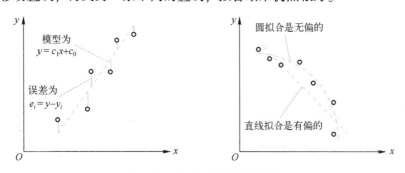

图 5.20　拟合数据的数学模型

最小二乘指标（Least-squares Criteria）定义了最佳拟合直线，通过下列公式，衡量模型 $y=f(x)$ 对 n 个观察点 $\{(x_j, y_j), j=1,2,\cdots,n\}$ 的拟合效果：

$$\text{LSE} = \sum_{j=1}^{n} (f(x_j) - y_j)^2 \tag{5.27}$$

最佳模型 $y=f(x)$ 指能够使该指标最小化的参数模型。方均根误差（RMSE），指模型与观测点之间差异的平均值，即

$$\text{RMSE} = \sqrt{\sum_{j=1}^{n} \frac{(f(x_j) - y_j)^2}{n}} \tag{5.28}$$

对于直线拟合，这个差异不是直线到观测点的欧氏距离，而是如图 5.20 所示与 y 轴平行的距离。

最大误差指标（MAXE）通过下列公式，衡量模型 $y=f(x)$ 对 n 个观察点 $\{(x_j, y_j), j=1,2,\cdots,n\}$ 的拟合效果：

$$\text{MAXE} = \max\{[f(x_j)-y_j]|_{j=1,2,\cdots,n}\} \tag{5.29}$$

这个指标只与最差拟合点有关，而 RMSE 与所有拟合点都有关。

5.4.2　参数的封闭解

利用最小二乘指标可以求解高斯噪声模型以及当求最佳模型参数时，容易推导出封闭解。利用最小二乘模型来推导最佳拟合直线的参数封闭解，与利用其他模型进行推导的过程类似。直线模型的最小二乘误差可以显式表示如下，其中，观测数据 x_j、y_j 视为常量。

$$LSE = \varepsilon(c_1, c_0) = \sum_{j=1}^{n} (c_1 x_j + c_0 - y_j)^2 \qquad (5.30)$$

误差函数 ε 是包含两个参数 c_1 和 c_0 的光滑非负函数，它在点 (c_1, c_0) 处具有全局最小值，其中，$\partial\varepsilon/\partial c_1 = 0$，$\partial\varepsilon/\partial c_0 = 0$。对式（5.30）进行求导，并利用和的导数等于导数的和得到下面的结果：

$$\frac{\partial\varepsilon}{\partial c_1} = \sum_{j=1}^{n} 2(c_1 x_j + c_0 - y_j) x_j$$
$$= 2\left(\sum_{j=1}^{n} x_j^2\right) c_1 + 2\left(\sum_{j=1}^{n} x_j\right) c_0 - 2\sum_{j=1}^{n} x_j y_j \qquad (5.31)$$

$$\frac{\partial\varepsilon}{\partial c_0} = \sum_{j=1}^{n} 2(c_1 x_j + c_0 - y_j)$$
$$= 2\left(\sum_{j=1}^{n} x_j\right) c_1 + 2\sum_{j=1}^{n} c_0 - 2\sum_{j=1}^{n} y_j \qquad (5.32)$$

这些方程都可以表示成矩阵形式，对这些方程进行求解就可以得到最佳直线参数。规范化方程（Normal Equation）即是对于任意多项式拟合的一般情况，产生的一组表达形式类似的方程。

$$\begin{bmatrix} \sum_{j=1}^{n} x_j^2 & \sum_{j=1}^{n} x_j \\ \sum_{j=1}^{n} x_j & \sum_{j=1}^{n} 1 \end{bmatrix} \begin{bmatrix} c_1 \\ c_0 \end{bmatrix} = \begin{bmatrix} \sum_{j=1}^{n} x_j y_j \\ \sum_{j=1}^{n} y_j \end{bmatrix} \qquad (5.33)$$

误差和个别误差的经验解释在计算机视觉问题中一般比较直接。如果用模型拟合所有数据产生的误差是一到两个像素，这个拟合结果是可接受的。在二维成像环境中，要研究的内容主要是度量检测到的边缘点与理想直线的偏离程度。如果在拟合直线中存在个别点离直线很远［这些点称为局外点（Outliers）］，则说明检测目标上存在缺陷或者存在另一个目标或模型。出现这种情况后，首先要将这些局外点从观测数据中删除，再对删除局外点后的数据进行拟合，重新拟合后得到的模型不会受到局外点的影响，同时多余的原始点仍可用于新模型的解释。

5.4.3 拟合中存在的问题

下面的几类问题在数据拟合中是需要着重考虑的。

局外点：在拟合过程中，每个观测值都会影响 RMS 误差，大量局外点的存在会使拟合失去价值。拟合后的结果可能与理想模型有较大的差距，导致无法识别并去掉真正的局外点，这时候可以采用稳健统计的方法来去掉这些局外点。

误差定义：误差的数学定义是 y 轴方向的偏差，而不是真正的几何距离。这样最小二乘拟合所得到的曲线或曲面未必能够最接近几何空间的数据。图 5.20（右）中最大的一点就说明了这个问题，在几何上该点离圆非常近，但沿 y 轴的函数偏差却很大。当用复杂曲面拟合 3D 点时，这种效果更加明显。虽然几何距离通常比函数偏差更有意义，但有时并不容易计算。对于直线拟合情况，当直线接近竖直时，采用最佳轴计算方法要比最小二乘法效果更好。最佳轴的计算公式是以点和线间的几何距离最小为基础的。

　　非线性优化：有时无法找到模型参数的封闭解。但误差指标仍可进行优化，利用参数空间搜索技术寻找最优参数。爬山法、基于梯度的搜索甚至穷尽搜索都可用于优化。

　　离散数：当数据维数或模型参数个数较多时，对拟合的经验解释和统计解释都是困难的。另外，如果采用搜索技术来寻找参数，甚至难以指导这些参数是否是最优的，或者只是误差指标的局部最小值。

　　拟合条件：有时拟合模型必须满足附加的约束条件。例如，需要寻找通过观测点的最佳直线，而且它必须和另一条直线垂直。

5.5　运动一致性分割

　　动态场景分割在图像检索、运动分析以及场景理解中均有广泛的应用。运动分割问题的关键在于在无参数的条件下同时确定出运动模型的个数和对应的运算参数，即在不清楚场景图像局部特征点归属的前提下匹配场景中的多个运动。

5.5.1　时空边界

　　对运动目标的轮廓进行识别时，不仅包括空间信息，还与时间有关，仅利用一种信息进行运动目标检测，得到的分割轮廓效果通常不理想，所以衍生出了时间-空间联合检测的办法，得到动态场景的两幅图像 $I[x,y,t]$ 和 $I[x,y,t+\Delta t]$，就可以计算空间梯度和时间梯度，并将二者结合起来。可以定义一个时空梯度幅值（Spatio-temporal Gradientmagnitude），它等于空间梯度幅值和时间梯度幅值的乘积。如式（5.34）所示，算出图像的 STG，静态图像轮廓的抽取方法可以用在动态场景轮廓提取中。抽取的轮廓是运动目标的边界而不是静态目标的边界。

$$STG[x,y,t]=\text{Mag}[x,y,t]\left(\left|I[x,y,t]-I[x,y,t+\Delta t]\right|\right) \tag{5.34}$$

5.5.2　运动轨迹聚类

　　场景中有多个运动对象时，需求得每个运动对象的非零运动向量，对非零运动向量进行聚类可以实现对场景中不同对象的区分，得到感兴趣的运动对象区域，以便于进一步的分析。

　　在图像序列的两帧之间计算运动向量。对运动向量进行聚类可以实现区域分割，对于平移目标来说，目标上的点具有相同的速度，所以通过聚类会得到很好的分割效果。而对于同时旋转和平移的目标来说，需要进行更复杂的分析。

　　现有的轨迹聚类算法可分为两类：一类是基于整体的轨迹聚类，即将一条轨迹视为一个整体而对其不做分段，通过定义轨迹的相似度函数将其聚类，这样一条轨迹只能属于一个簇；另一类是基于分段的轨迹聚类，即将一条轨迹分为多段，分段的轨迹之和不一定是原轨迹，也可以是原轨迹特征的抽取。之后再进行轨迹聚类，这样同一条轨迹可能分属于多个簇，可视的结果会出现分流与聚流的效果。

　　如图 5.21 所示，有 5 条轨迹 $TR_i(i=1,2,\cdots,5)$，如果运用基于分段的聚类算法，则方框内的轨迹聚为一簇；如果采用基于整体的聚类算法，由于 5 条轨迹最终的走向各不相同，所以这 5 条轨迹归属于不同的类，在这种情况下基于分段的轨迹聚类更好一些。

基于以上分析，提出了"分段及归组"算法，算法分为两大步。

1）分段：将轨迹进行分段以作为下一阶段的输入。

如图 5.22 所示，轨迹分段是在原轨迹中选取一些特征点，利用特征点的连线近似原轨迹，特征点指轨迹中角度变化较大的点。对轨迹中的分段要保证两个性质：准确性和简洁性，准确性是指特征点不能太少，否则不足以概括轨迹特征；简洁性是指特征点要利用尽可能少的点来概括轨迹特征。因此，在实际的分段中，算法要能够很好地平衡这两个特性。

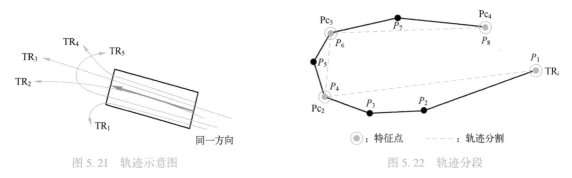

图 5.21 轨迹示意图　　　　　图 5.22 轨迹分段

2）归组：相似的线段归为一组，归类算法是基于密度的聚类算法，即将彼此"足够接近的"数据点连接在一起形成一个簇，直至所有点都被分类。

如图 5.23 所示为算法"分段及归组"示意图，首先将图像中的轨迹进行分段，分段之后得到特征相同的对象，最后将得到的特征相同的对象进行归组，即得到一个簇，实现一致性分割。

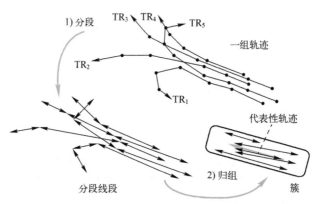

图 5.23 "分段及归组"算法示意图

5.6　本章小结

本章详细探讨了图像分割的常见方法，包括但不限于阈值分割、区域增长、边缘检测，以及基于深度学习的语义分割和实例分割等技术。这些方法在解决不同图像分割问题时展现了各自的优势和适用场景。近年来，图像分割领域涌现了一系列基于深度学习的先进算法，如 U-Net、Mask R-CNN 等，这些都是经典的分割算法，最近备受关注的大模型领域迎来了一系列里程碑式的 AI 模型，比如 SAM（Segment Anything）等，这些模型引领着 AI 技术的发展潮流。

习题

1. 图像分割方法如何分类？
2. 区域分割有哪些目标？
3. 迭代 K-均值聚类算法的原理是什么？
4. 区域增长分割算法的原理是什么？
5. 区域表示的目的是什么？
6. 典型的轮廓分割算法有哪些？
7. 霍夫变换检测直线的原理是什么？
8. 运动分割的关键问题是什么？

第 6 章　三维视觉感知

三维视觉感知是智能视觉感知、计算机图形学、虚拟现实等多个领域的重要研究内容，具有非常广阔的应用前景。

6.1　三维视觉概述

随着光学、电子学以及计算机技术的发展，三维视觉领域不断进步，逐渐实用化，不仅成为工业检测、生物医学、虚拟现实等领域的关键技术，还广泛应用于航天遥测、军事侦察等领域。目前有许多学科的研究人员应用不同的技术手段对之进行研究，随着研究的不断深入和成熟，三维视觉技术将冲击我们现有的观察视角，掀起技术变革的新高潮。

6.1.1　三维视觉的主要方法

三维视觉主要研究如何借助（多图像）成像技术从（多幅）图像里获取场景中物体的距离（深度）信息。从技术原理上来看，三维视觉技术中的光学测量方法主要包括主动测量法和被动测量法，图 6.1 为光学测量方法分类。

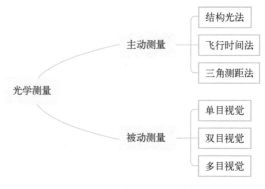

图 6.1　光学测量方法分类

1. 主动测量法

主动测量法是利用特定的光源对目标物体进行照射，根据物体表面的反射特性获取目标的三维信息。其特点是具有较高的测距精度、抗干扰能力和实时性，具有代表性的主动测距方法有结构光法、飞行时间法和三角测距法。

（1）结构光法

结构光测量是将预先确定的光图案投射于物体上，然后通过分析图案如何失真变形而取得深度信息。根据投影光束形态的不同，结构光法又可分为光点式结构光法、光条式结构光法和光面式结构光法等。结构光法的优点是计算简单，测量精度较高，对于平坦的、无明显纹理和形状变化的表面区域都可进行精密的测量。

（2）飞行时间法

飞行时间（Time of Flight，ToF）法是将脉冲激光信号投射到物体表面，反射信号沿几乎相同路径反向传至接收器，利用发射和接收脉冲激光信号的时间差得到被测物表面到相机之间的距离。ToF 法直接利用光传播特性，不需要进行灰度图像的获取与分析，因此距离的获取不受物体表面性质的影响，可快速准确地获取物体表面完整的三维信息；但需要较复杂的光电设备，价格偏贵。

（3）三角测距法

三角测距法是基于光学三角原理，根据光源、物体和相机之间的几何关系确定空间物体各点的三维坐标。这种方式主要用于工业勘探、工件表面粗糙度检测、轮胎检测、飞机检测等工业、航空、军事领域。三角法的缺点是只能覆盖到一段较小的距离范围，易受环境光线的影响。

2. 被动测量法

被动测量技术不需要人为地设置辐射源，只利用场景在自然光照下的二维图像来重建物体的三维信息，具有适应性强、实现手段灵活、成本低的优点。但是这种方法用低维信号来计算高维信号，所以其使用的算法较为复杂。被动测距按照使用的视觉传感器数量可分为单目视觉、双目视觉和多目视觉三大类。

（1）单目视觉

单目视觉是指仅利用一台摄像机拍摄照片来进行测量。因仅需要一台相机，所以该方法的优点是结构简单、相机标定容易，同时还避免了立体视觉的小视场问题和匹配困难问题。

（2）双目视觉

双目视觉的基本原理是通过两台摄像机从两个视点观察同一景物，以获取在不同视角下的感知图像，然后通过三角测量原理计算图像像素间的位置偏差（视差）来获取景物的三维信息，这一过程与人类视觉感知过程是类似的。

（3）多目视觉

多目视觉是对双目视觉系统的一种拓展，主要采用多台摄像机设置于多个视点，或者由一台摄像机从多个视点来观测三维物体。

6.1.2　与三维视觉感知相关的软硬件系统

无论是使用主动测距法还是被动测距法，对于硬件系统和软件系统的搭建是必不可少的。除了选用合适的摄像机、投影仪对目标物体的图像信息进行采集外，还需要一台计算机对采集到的图像进行识别和处理，软件系统的搭建如图 6.2 所示。对于各种三维视觉方法的相关设备配置和有关说明见表 6.1。

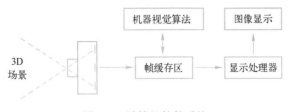

图 6.2　计算机软件系统

表 6.1　三维视觉相关配置及说明

三维测量技术	双目视觉法	结 构 光 法	飞行时间法	三角测距法
测距方式	被动式	主动式	主动式	主动式
配置	两个近红外摄像头或两个彩色摄像头	一个投影仪和一个摄像头	一个近红外发射器和一个 CCD/CIS 飞行时间摄像头	一个投影仪和两个摄像头
说明	两个摄像头同时捕捉影像	投影图案会随着距离的改变而产生形变	发射器发射脉冲或调制光	两个摄像头同时捕捉影像
特点	获得两个图像的视差，根据三角法计算出每个像素的深度信息	深度算法会依据形变而算出相对深度距离	深度信息根据时间差计算	获得两个投影仪畸变图像的视差，根据三角法计算出每个像素的深度信息

主要的硬件设备如下。

1）摄像机：常用的是彩色 CCD 相机。CCD 是电荷耦合器件（Charge Coupled Device）的简称，是一种图像传感器，它能够将光线变为电荷并将电荷存储、转移和读取，将光信号转换为电信号输出，以其构成的 CCD 相机具有体积小、重量轻、不受磁场影响、具有抗振动和撞击的特性而被广泛应用。如图 6.3 所示为生活中常用的 CCD 相机。

图 6.3　CCD 相机

2）投影仪：主动测距法中主要是通过投影仪向待测物体表面投射图案来给物体增加特征信息，使得图像处理时能够提取出更多的特征点，从而获得稠密的视差图，重建出精度较高的三维模型。如图 6.4 所示为常见的投影仪设备。

图 6.4　投影仪

3）ToF 相机：ToF 相机是将基于 ToF 技术的距离测量和图像传感器结合在一起而形成的。它产生的深度图像描述的并不是点到传感器的直线距离，而是每个点到深度相机所在垂直平面的距离值,即深度值。图 6.5 为微软公司的 Kinect V2 相机,是一款典型的基于 ToF 技术的深度相机。

图 6.5 Kinect V2 相机的外观及内部构造

6.1.3 三维视觉计算需要满足的条件

如图 6.6 所示为常见的三维视觉系统,两个摄像机C_1和C_2同时观测相同的 3D 工作区,工件上的点P_W在第一个摄像机的成像点为P_1,在第二个摄像机的成像点为P_2。

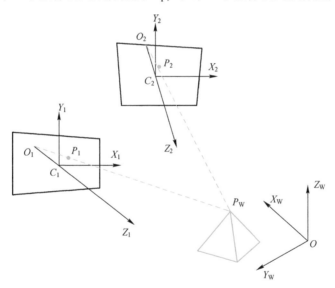

图 6.6 三维视觉系统结构示意图

以此为例,对三维视觉的计算需要满足的条件进行说明:

1)要知道摄像机C_1和C_2在工作区 W 中的位姿,以及摄像机的一些内部参数,如焦距f。

2)找出 3D 点与两个 2D 图像点,即P_W、P_1、P_2之间的对应关系。

3)计算两条投影线$P_W O_1$和$P_W O_2$的交点P_W。

6.2 3D 仿射变换

仿射变换(Affine Transformation)及综合应用,尤其 3D 仿射变换是 3D 视觉中最重要的部分，是智能视觉感知的基础。常见的由于视角改变而引起的图像变化就是仿射变换，其广泛应用于工程设计、医学图像、实时绘制、自然景物仿真、计算机动画、虚拟现实及影视特效等领域中。3D仿射变换包括平移、旋转、缩放、切变和反射等，在3D空间中，所有的变换效果通过矩阵乘法实现。

6.2.1 坐标系

为了定量确定点在空间中的位置，需要定义坐标系，在三维视觉中常常涉及四个坐标系：世界坐标系、摄像机坐标系、图像坐标系和像素坐标系，如图6.7所示。

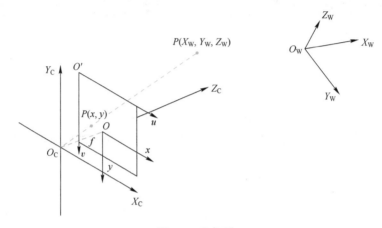

图6.7　坐标系

世界坐标系：客观三维世界的绝对坐标系。因为相机安放在三维空间中，所以需要世界坐标系这个基准坐标系来描述相机的位置，并且用它来描述安放在此三维环境中的其他任何物体的位置，用(X_w, Y_w, Z_w)表示其坐标值。

摄像机坐标系（光心坐标系）：以相机的光心为坐标原点，X轴和Y轴分别平行于图像坐标系的x轴和y轴，相机的光轴为Z轴，用(X_c, Y_c, Z_c)表示其坐标值。

图像坐标系：以CCD成像平面的中心为坐标原点，x轴和y轴分别平行于图像平面的两条垂直边，用(x, y)表示其坐标值。图像坐标系是用物理单位（如mm）表示像素在图像中的位置。

像素坐标系：以图像平面的左上角顶点为原点，u轴和v轴分别平行于图像坐标系的x轴和y轴，用(u, v)表示其坐标值。相机采集的图像通过将模拟信号转换为数字信号。每幅图像的存储形式是$M×N$的数组，数组中每一个元素的数值代表图像点的灰度。这样的每个元素叫像素，像素坐标系就是以像素为单位的图像坐标系。

下面介绍的平移、缩放、旋转等操作中对摄像机成像模型的数学描述就是建立在这四个坐标系相互转换的关系上。

6.2.2 平移

图像的平移变换就是将图像所有的像素坐标分别加上指定的水平偏移量和垂直偏移量。例如，点$(x, y, z, 1)$向x、y、z轴分别移动a、b、c单位长度后变成$(x+a, y+b, z+c, 1)$，写成矩阵相乘的方式即为

$$\begin{bmatrix} x+a \\ y+b \\ z+c \\ 1 \end{bmatrix} = \begin{bmatrix} 1 & 0 & 0 & a \\ 0 & 1 & 0 & b \\ 0 & 0 & 1 & c \\ 0 & 0 & 0 & 1 \end{bmatrix} \begin{bmatrix} x \\ y \\ z \\ 1 \end{bmatrix} \tag{6.1}$$

6.2.3　缩放

3D 缩放矩阵能够对每一个坐标采用不同的比例系数，例如，当需要在文档里插入图片时，要将尺寸较大的图片缩小才能放得下，与文字的比例才合适。当沿着 x、y、z 轴分别缩放 a、b、c 倍时，相应的公式表示为

$$\begin{bmatrix} x' \\ y' \\ z' \\ 1 \end{bmatrix} = \begin{bmatrix} a & 0 & 0 & 0 \\ 0 & b & 0 & 0 \\ 0 & 0 & c & 0 \\ 0 & 0 & 0 & 1 \end{bmatrix} \begin{bmatrix} x \\ y \\ z \\ 1 \end{bmatrix} \tag{6.2}$$

6.2.4　旋转

对于旋转，任何一个旋转都可以认为是沿着 x、y、z 轴分别旋转 α、β、γ 度数。通过矩阵来表示绕坐标轴的基本旋转较为简单，需要做的就是写出矩阵的列向量，也就是旋转变换下单位向量的变换值。绕 z 轴的变换实际上与 2D 变换一样，只不过这时包含着 3D 点的 z 坐标。

1. 绕 x 轴旋转

如图 6.8 所示，在图 a 中，A 点沿着 x 轴旋转一定角度变成 A'，记旋转的角度为 θ，旋转后得到的 A' 与旋转中心连线与 y 轴正方向的夹角为 α（图中的 α 是个负值），记 A' 与旋转中心连线的长度为 L（A 与旋转中心连线的长度也是 L），那么

$$\begin{cases} x' = x \\ y' = L\cos(\theta+\alpha) \\ z' = L\sin(\theta+\alpha) \end{cases} \tag{6.3}$$

$$\begin{cases} y = L\cos\alpha \\ z = L\sin\alpha \end{cases} \tag{6.4}$$

根据三角函数公式可以得到

$$\begin{cases} y' = L\cos(\alpha-\theta) = L(\cos\alpha\cos\theta - \sin\alpha\sin\theta) = y\cos\theta - z\sin\theta \\ z' = L\sin(\alpha-\theta) = L(\sin\theta\cos\alpha + \cos\theta\sin\alpha) = y\sin\theta + z\cos\theta \end{cases} \tag{6.5}$$

综上所述，有

$$\begin{cases} x' = x \\ y' = y\cos\theta - z\sin\theta \\ z' = y\sin\theta + z\cos\theta \end{cases} \tag{6.6}$$

写成矩阵形式为

$$\begin{bmatrix} x' \\ y' \\ z' \\ 1 \end{bmatrix} = \begin{bmatrix} 1 & 0 & 0 & 0 \\ 0 & \cos\theta & -\sin\theta & 0 \\ 0 & \sin\theta & \cos\theta & 0 \\ 0 & 0 & 0 & 1 \end{bmatrix} \begin{bmatrix} x \\ y \\ z \\ 1 \end{bmatrix} \tag{6.7}$$

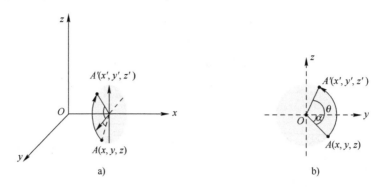

图 6.8 绕 x 轴旋转

注：图 b 是图 a 的左视图。

2. 绕 y 轴或者 z 轴旋转

绕 y 轴和 z 轴旋转时的原理与 x 轴相同。在旋转相同角度 θ 时，对于 y 轴，只需要把 y 轴和 x 轴对调；对于 z 轴，此时 z 轴的方向会反过来，所以需要在与 z 相关的公式中加负号。

公式如下：

$$\begin{cases} y' = y \\ x' = x\cos\theta + z\sin\theta \\ z' = -x\sin\theta + z\cos\theta \end{cases} \tag{6.8}$$

写成矩阵形式为

$$\begin{bmatrix} x' \\ y' \\ z' \\ 1 \end{bmatrix} = \begin{bmatrix} \cos\theta & 0 & \sin\theta & 0 \\ 0 & 1 & 0 & 0 \\ -\sin\theta & 0 & \cos\theta & 0 \\ 0 & 0 & 0 & 1 \end{bmatrix} \begin{bmatrix} x \\ y \\ z \\ 1 \end{bmatrix} \tag{6.9}$$

对于 z 轴，需要把 x、z 互换，再把 y 取反，公式推导为

$$\begin{cases} z' = z \\ y' = y\cos\theta + x\sin\theta \\ x' = -y\sin\theta + x\cos\theta \end{cases} \tag{6.10}$$

写成矩阵形式为

$$\begin{bmatrix} x' \\ y' \\ z' \\ 1 \end{bmatrix} = \begin{bmatrix} \cos\theta & -\sin\theta & 0 & 0 \\ \sin\theta & \cos\theta & 0 & 0 \\ 0 & 0 & 1 & 0 \\ 0 & 0 & 0 & 1 \end{bmatrix} \begin{bmatrix} x \\ y \\ z \\ 1 \end{bmatrix} \tag{6.11}$$

6.2.5 基于刚体变换的比对

这里讨论如何比对模型三角形和拍摄到的三角形，这个例子可以通过模型三角形的三个顶点与拍摄到的三角形的三个顶点对齐。图 6.9 借助几何图形演示了这个变换过程，其中，$\triangle ABC$ 是模型三角形，而 $\triangle DEF$ 是拍摄到的三角形，首先对两个三角形进行平移，使 A 和 D 与原点重合，然后通过旋转使线段 AB 和 DE 与 X 轴重合，再通过绕 X 轴的旋转，使点 C

落进 X-Y 平面。在这个过程中需要进行刚体变换 T，使得模型点 A、B、C 与实际点 D、E、F 对齐。其中，对于模型中任意一点 P_M 都能够映射成对应的坐标点 P_W。

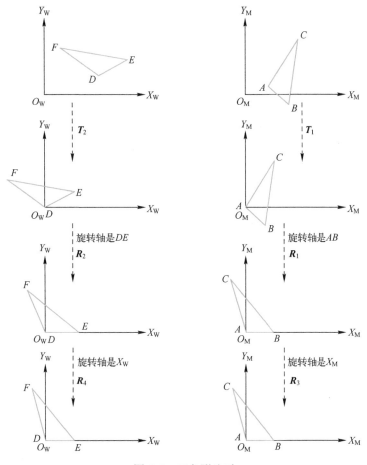

图 6.9　三角形比对

以下是进行刚体变换的具体算法步骤：

1）输入 3D 模型的三个点 A、B、C 和对应的 3D 实际点 D、E、F。

2）求平移变换 T_1，移动三个模型点，使点 A 与世界坐标系原点重合。求平移变换 T_2，移动三个实际点，使点 D 与世界坐标系原点重合。这时在世界坐标系中只对齐了点 A 和点 D。

3）求旋转变换 R_1，使 AB 边与 X 轴重合。求旋转变换 R_2，使 DE 边与 X 轴重合。这时在世界坐标系中对齐了 AB 边和 DE 边。

4）求绕 X 轴的旋转变换 R_3，使点 C 落进 X-Y 平面。求绕 X 轴的旋转变换 R_4，使点 F 落进 X-Y 平面。现在世界坐标系中三个点都已经对齐。

5）模型三角形和实际三角形重合在一起，用如下公式表示：

$$R_3 R_1 T_1 P_M = R_4 R_2 T_2 P_W$$
$$P_W = (T_2^{-1} R_2^{-1} R_4^{-1} R_3 R_1 T_1) P_M$$

（6.12）

6）得到刚体变换 T：

$$T = T_2^{-1} R_2^{-1} R_4^{-1} R_3 R_1 T_1 \tag{6.13}$$

6.3 摄像机成像模型

摄像机是 3D 世界和 2D 图像之间的一种映射。摄像机的工作原理及过程与人眼相似，从某种发射源（如灯管、太阳等）发出的射线形成光线，穿过空间照射到某些物体上，其中大部分光线被物体表面吸收，而只有少部分没有被吸收的光线反射到眼睛中被我们所察觉到。对于从反射光开始，通过透镜到达眼睛或摄像机，然后到达视网膜或者图像采集器这个过程的几何研究，是计算机视觉应用中的一个极其重要的方面。

6.3.1 模型的介绍

小孔成像模型是最简单的摄像机模型，也是应用最广泛的摄像机成像模型。在此模型中，假设光线是从场景中很远的物体发射过来的，但仅仅是来自某点的一条光线。在实际针孔摄像机中，该点被"投影"到成像表面，在投影平面上，图像被聚焦，因此与远处物体相关的图像大小只用一个摄像机参数来描述：焦距（Focal Length）。

相机的镜头由透镜组构成，如图 6.10 所示，光线穿过透镜后的汇聚点定义为焦点，其与透镜中心之间的距离为焦距 f。小孔成像模型不考虑镜头畸变的理想情况，多数情况下都使用针孔成像模型来简化摄像机成像模型，如图 6.11 所示。

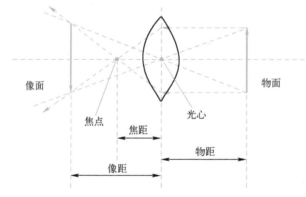

图 6.10　摄像机成像原理图

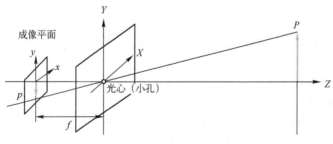

图 6.11　小孔成像模型图

6.3.2　透视变换矩阵

在 6.3.1 节摄像机模型中提到，小孔成像模型是能够成像的最简单的"设备"，它可以精确地得到透视投影（Perspective Projection）的几何信息。这里所说的透视投影可以定义为将三维物体的信息映射到二维平面上所得到的投影图像，其原理如图 6.12 所示。如果忽略摄像机镜头的畸变，三维到二维的变换则为线性变换，那么在已知足够多点的世界坐标及其对应的图像坐标信息后，就可利用透视变换矩阵得到摄像机的参数。

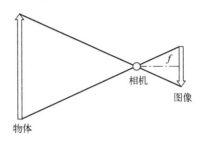

图 6.12　透视投影成像原理（其中 f 为焦距）

可以用代数方式描述透视投影中的比例关系，如图 6.13 所示，根据相似三角形定理可知，$\triangle OA'B'$ 和 $\triangle OAB$ 相似，$\triangle ABC$ 和 $\triangle A'B'C'$ 相似，由此可得

$$\frac{OB'}{OB} = \frac{A'B'}{AB} \rightarrow \frac{f}{z} = \frac{r'}{r}$$

$$\frac{BC}{B'C'} = \frac{AC}{A'C'} = \frac{AB}{A'B'} \rightarrow \frac{x}{x'} = \frac{y}{y'} = \frac{r}{r'}$$

(6.14)

其中，$OB' = f$ 是焦距。

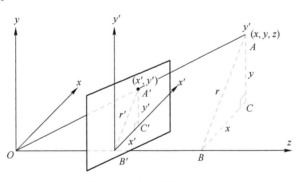

图 6.13　透视投影示意图

结合上述两式，可以得到透视投影公式：

$$x' = \frac{xf}{z}$$

$$y' = \frac{yf}{z}$$

$$z' = f$$

(6.15)

式（6.15）在齐次坐标下的矩阵表示为

$$\begin{bmatrix} x_h \\ y_h \\ z_h \\ w \end{bmatrix} = \begin{bmatrix} f & 0 & 0 & 0 \\ 0 & f & 0 & 0 \\ 0 & 0 & f & 0 \\ 0 & 0 & 1 & 0 \end{bmatrix} \begin{bmatrix} x \\ y \\ z \\ 1 \end{bmatrix} \qquad (6.16)$$

式中，4×4 的矩阵即为透视变换矩阵。

6.3.3 正交投影与弱透视投影

正交投影又称平行投影，与前面提到的透视投影不同，平行投影是在一束平行光线照射下形成的投影，投影方向和投影面垂直，图 6.14 为正交投影示意图。正交投影法的特点是能够准确、完整地表达出形体的形状和结构，并且作图简便，度量性较好。

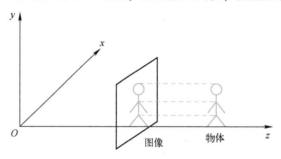

图 6.14　正交投影示意图

正交投影的尺度大小和原始物体的大小是一致的，公式描述如下：

$$\begin{cases} x' = x \\ y' = y \end{cases} \qquad (6.17)$$

式（6.17）在齐次坐标下的矩阵表示为

$$\begin{bmatrix} x_h \\ y_h \\ z_h \\ w \end{bmatrix} = \begin{bmatrix} 1 & 0 & 0 & 0 \\ 0 & 1 & 0 & 0 \\ 0 & 0 & 0 & 0 \\ 0 & 0 & 0 & 1 \end{bmatrix} \begin{bmatrix} x \\ y \\ z \\ 1 \end{bmatrix} \qquad (6.18)$$

透视投影也叫中心投影，通过投影中心可以将物体投影到单一投影面上。在透视投影中，同一灯光下，改变物体的位置和方向，其投影也跟着发生变化。通常，透视变换能够用正交投影和实际图像平面内的同比例缩放来近似。在将物体景深用物体到投影中心的平均距离代替时，按比例的正交投影称为弱透视（Weak Perspective）投影。比例系数 $s = f/d$，是摄像机焦距与物距之比，图 6.15 为弱透视投影示意图。

公式描述如下：

$$x' = \frac{xf}{z} \approx \frac{xf}{\bar{z}}$$

$$y' = \frac{yf}{z} \approx \frac{yf}{\bar{z}} \qquad (6.19)$$

其中，x' 与 y' 为弱透视投影之后的尺度大小；$\bar{z}$ 为近似深度值，一般指原始深度值 z 除以某个常数。

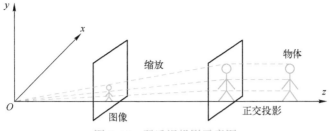

图 6.15　弱透视投影示意图

矩阵形式为

$$
\begin{bmatrix} x_h \\ y_h \\ z_h \\ w \end{bmatrix} = \begin{bmatrix} f & 0 & 0 & 0 \\ 0 & f & 0 & 0 \\ 0 & 0 & 0 & 0 \\ 0 & 0 & 0 & \bar{z} \end{bmatrix} \begin{bmatrix} x \\ y \\ z \\ 1 \end{bmatrix} \tag{6.20}
$$

6.3.4　基于多摄像机的成像模型

图 6.16 是理想的平行光轴双目三维视觉结构。两相机光心的连线通常被称为基线（Baseline），B 为两相机光心之间的距离，f 为两个相机的焦距，这两个数值可以通过相机标定获得。O_l 和 O_r 为两摄像机坐标系的坐标原点。图 6.16 中所示的成像模型满足：①两相机成像平面都分别与光轴垂直；②两相机成像平面共面；③两相机焦距相等，此时称两相机处于平行对准状态，处于该状态下的两个对应成像点之间的间距称为视差。

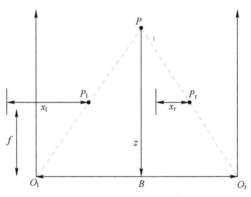

图 6.16　双目三维视觉成像原理

空间物体的特征点 P 的坐标为 (x_c, y_c, z_c)，在左右相机成像平面上的坐标分别为 $P_l = (x_l, y_l)$、$P_r = (x_r, y_r)$，且 $y_l = y_r = y$，其中，x_l 与 x_r 分别为左右两个像素点到图像左边缘的距离。由三角几何关系可以得到如下关系式：

$$
\begin{cases} x_l = f \dfrac{x_c}{y_c} \\[2mm] x_r = f \dfrac{x_c - B}{z_c} \\[2mm] y = f \dfrac{y_c}{z_c} \end{cases} \tag{6.21}
$$

99

由此可以计算出特征点 P 在摄像机坐标系下的三维坐标：

$$\begin{cases} x_c = \dfrac{Bx_1}{x_1 - x_r} \\[3mm] y_c = \dfrac{By}{x_1 - x_r} \\[3mm] z_c = \dfrac{Bf}{x_1 - x_r} \end{cases} \tag{6.22}$$

因此，假设在已知一个成像平面坐标的情况下，比如已知左相机成像平面坐标，根据视差可以匹配出右相机成像平面坐标，再根据式（6.22）的关系就可恢复出空间点的三维信息。

6.4 双目视觉

生物的双眼系统判断场景结构是通过左右眼产生视差，然后由神经系统产生远近的感觉。双目视觉按照同样的原理由左右两个相机拍摄到的图像计算每个像素的深度，从而恢复出整个场景的三维结构。双目视觉系统易于实施且原理简单，对光照和材质的变化具有较高的鲁棒性，主要包括采集图像、相机标定、校正与立体匹配、三维重建这四个部分。在室内外场景重建中具有很大的优势，而且在工业、安防、医学和军事领域已展现出强劲的发展活力。

6.4.1 双目成像和视差

人类用双眼观察时，两眼看到的物体有一定的左右偏差，而这个偏差就是感知物体的深度距离的关键，称为视差。双目视觉的核心就是用两个相机，同时拍摄一个场景，对左右图像进行立体匹配，从而获取视差值，最后通过三角法来获取物体的深度信息。

如图 6.17 所示，对于双目相机，即使 p 点和 q 点在左目相机上成像点相同，但是根据几何原理，在右目相机，p 点和 q 点在成像面上是不同的两个点，具有不同的深度值。因此与单目相机相比，双目相机可以唯一标识空间中每个点的三维信息。

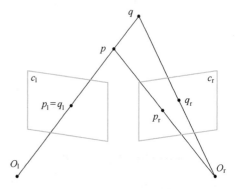

图 6.17 双目相机成像

6.4.2 双目视觉的相机标定

进行相机标定的目的就是获得相机的内外参数以及畸变系数。

1. 求双目相机内外参数和畸变系数

在 6.2 节中已经介绍了三维视觉中的四个坐标系，基于这四个坐标系可以从数学的角度用矩阵相乘的形式实现世界坐标系到像素坐标系的转换。

假设世界坐标系中的点的坐标为 (X_w, Y_w, Z_w)，相机坐标系中的点的坐标为 (X_c, Y_c, Z_c)，图像坐标系中的点的坐标为 (x, y)，像素坐标系中的点的坐标为 (u, v)。

从世界坐标系变换到相机坐标系，物体没有发生形变，所以这一变换过程可以看作平移加旋转变换：

$$\begin{bmatrix} X_{\mathrm{C}} \\ Y_{\mathrm{C}} \\ Z_{\mathrm{C}} \end{bmatrix} = \boldsymbol{R} \begin{bmatrix} X_{\mathrm{W}} \\ Y_{\mathrm{W}} \\ Z_{\mathrm{W}} \end{bmatrix} + \boldsymbol{T} \tag{6.23}$$

式中，$\boldsymbol{R}$ 为 1×3 的旋转矩阵；$\boldsymbol{T}$ 为 3×1 的平移矩阵。

从相机坐标系变换到图像坐标系：根据图 6.13 所示的投影图，应用相似三角形原理可推导其对应的变换关系式：

$$\begin{cases} X = \dfrac{fX_{\mathrm{C}}}{Z_{\mathrm{C}}} \\ Y = \dfrac{fY_{\mathrm{C}}}{Z_{\mathrm{C}}} \end{cases} \tag{6.24}$$

转换为齐次坐标系下的矩阵关系表达式为

$$Z_{\mathrm{C}} \begin{bmatrix} X \\ Y \\ 1 \end{bmatrix} = \begin{bmatrix} f & 0 & 0 & 0 \\ 0 & f & 0 & 0 \\ 0 & 0 & 1 & 0 \end{bmatrix} \begin{bmatrix} X_{\mathrm{C}} \\ Y_{\mathrm{C}} \\ Z_{\mathrm{C}} \\ 1 \end{bmatrix} \tag{6.25}$$

从图像坐标系变换到像素坐标系：从图 6.7 所示的坐标系可以看出图像坐标系原点与像素坐标系原点不一致，假设图像坐标系原点在像素坐标系中的坐标为 (u_0, v_0)，图像坐标平面中每单位长度 x 轴对应 d_x 个像素，同理每单位长度 y 轴对应 d_y 个像素，所以图像坐标与像素坐标的对应线性关系式为

$$\begin{cases} u = \dfrac{X}{d_x} + u_0 \\ v = \dfrac{Y}{d_y} + v_0 \end{cases} \tag{6.26}$$

综合上述转换，实现世界坐标平面到像素平面的坐标转换过程如下：

$$Z_{\mathrm{C}} \begin{bmatrix} u \\ v \\ 1 \end{bmatrix} = \begin{bmatrix} \dfrac{f}{\mathrm{d}x} & 0 & u_0 & 0 \\ 0 & \dfrac{f}{\mathrm{d}y} & v_0 & 0 \\ 0 & 0 & 1 & 0 \end{bmatrix} \begin{bmatrix} \boldsymbol{R} & \boldsymbol{T} \\ 0 & 1 \end{bmatrix} \begin{bmatrix} X_{\mathrm{W}} \\ Y_{\mathrm{W}} \\ Z_{\mathrm{W}} \\ 1 \end{bmatrix} = \begin{bmatrix} f_x & 0 & u_0 & 0 \\ 0 & f_y & v_0 & 0 \\ 0 & 0 & 1 & 0 \end{bmatrix} \begin{bmatrix} \boldsymbol{R} & \boldsymbol{T} \\ 0 & 1 \end{bmatrix} \begin{bmatrix} X_{\mathrm{W}} \\ Y_{\mathrm{W}} \\ Z_{\mathrm{W}} \\ 1 \end{bmatrix} = \boldsymbol{M}_1 \boldsymbol{M}_2 \begin{bmatrix} X_{\mathrm{W}} \\ Y_{\mathrm{W}} \\ Z_{\mathrm{W}} \\ 1 \end{bmatrix} = \boldsymbol{M} \begin{bmatrix} X_{\mathrm{W}} \\ Y_{\mathrm{W}} \\ Z_{\mathrm{W}} \\ 1 \end{bmatrix} \tag{6.27}$$

式中，$\boldsymbol{M}$ 为投影矩阵；$\boldsymbol{M}_1$、$\boldsymbol{M}_2$ 分别为相机的内、外参数矩阵。根据一组已知空间坐标的三维坐标点与其对应的像素坐标，通过求解就可以得到相机的内外参数。

上述变换过程是在理想的条件下实现的，实际上在相机镜头生产过程中，由于制造水平和安装工艺有限，会使镜头发生一定的畸变，径向畸变和切向畸变是成像过程中最常见的两种畸变类型。径向畸变会使图像像素点沿着半径方向移动，例如，使用广角镜头拍摄所得的图像就含有径向畸变，径向畸变主要分为桶形畸变和枕形畸变。径向畸变对图像的影响效果

如图 6.18 所示。切向畸变会使图像像素点沿着垂直于半径的方向移动，切向畸变的产生是由于透镜制造的缺陷使得透镜本身与图像平面不平行。径向畸变和切向畸变都会使在远离图像中心的地方产生较大的图像畸变。

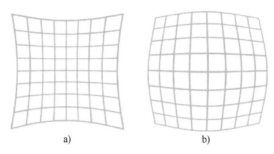

图 6.18　畸变影响效果图
a）枕形畸变　b）桶形畸变

将径向畸变模型用泰勒级数展开，可以表示为

$$\begin{aligned} \delta_u^r &= u(k_1 r^2 + k_2 r^4 + k_3 r^6) \\ \delta_v^r &= v(k_1 r^2 + k_2 r^4 + k_3 r^6) \end{aligned} \tag{6.28}$$

式中，k_1、k_2、k_3 为相机径向畸变系数；r 为像素点到中心点之间的距离。

畸变模型可以表示为

$$\begin{aligned} \delta_u^t &= [p_2(r^2 + 2u^2) + 2p_1 uv](1 + p_3 r^2 + p_4 r^4 + \dots) \\ \delta_v^t &= [p_1(r^2 + 2v^2) + 2p_2 uv](1 + p_3 r^2 + p_4 r^4 + \dots) \end{aligned} \tag{6.29}$$

式中，p_1、p_2 为相机切向畸变系数。

由式（6.28）和式（6.29）可得，相机发生畸变变形之后的像素坐标为

$$\begin{aligned} u_d &= u + \delta_u^r + \delta_u^t \\ v_d &= v + \delta_v^r + \delta_v^t \end{aligned} \tag{6.30}$$

真实世界中的点对应的像素坐标是 (u,v)，而使用相机拍摄到的点的坐标为 (u_d, v_d)，为了矫正相机的径向畸变和切向畸变，需通过相机标定求解 k_1、k_2、k_3、p_1 和 p_2 这 5 个畸变参数，然后利用畸变系数对图像进行校正。

上述内容为单目相机标定的基本原理，接下来对标定的具体过程进行介绍。

2. 模板平面及其图像平面的单应性

在坐标转换中，单应性变换是指空间中的一点到图像平面上的点（齐次坐标）之间的映射关系。单应性在图像校正和图像拼接中有很重要的作用。为了方便后面的计算，假设模板平面置于世界坐标系中 $Z=0$ 的平面上，平面上一点 Q 向像素坐标系中一点 q 做单应性变换。

其中 $\widetilde{\boldsymbol{Q}} = [X \quad Y \quad Z \quad 1]^T$，$\widetilde{\boldsymbol{q}} = [x \quad y \quad 1]^T$，则坐标变换关系可表示为

$$\widetilde{\boldsymbol{q}} = \boldsymbol{H}\widetilde{\boldsymbol{Q}} \tag{6.31}$$

其中单应性矩阵为

$$\boldsymbol{H} = s \begin{bmatrix} f_x & 0 & u_0 \\ 0 & f_y & v_0 \\ 0 & 0 & 1 \end{bmatrix} [\boldsymbol{r}_1 \quad \boldsymbol{r}_2 \quad \boldsymbol{t}] = s\boldsymbol{M}[\boldsymbol{r}_1 \quad \boldsymbol{r}_2 \quad \boldsymbol{t}] \tag{6.32}$$

其中，s 表示尺度变换的比例，是一个非零常数；f_x、f_y、u_0、v_0 表示相机内参；r_1、r_2 分别为 R 矩阵的第 1、2 列向量，因为模板平面位于 $Z=0$ 平面上，所以可以不考虑绕 Z 轴所做的旋转变换，即忽略 r_3 列向量。

首先不考虑相机畸变，求解相机的内外参数。通过从不同方向角度拍摄模板平面，从拍摄所得的图像中获得多组空间已知点的图像坐标，这样就可以分析出单应性矩阵。将单应性矩阵 H 转化为三个列向量，即 $H = \begin{bmatrix} h_1 & h_2 & h_3 \end{bmatrix}$，分解式（6.32）所示的方程得

$$\begin{cases} \boldsymbol{h}_1 = s\boldsymbol{M}\boldsymbol{r}_1 \\ \boldsymbol{h}_2 = s\boldsymbol{M}\boldsymbol{r}_2 \\ \boldsymbol{h}_3 = s\boldsymbol{M}\boldsymbol{t} \end{cases} \tag{6.33}$$

为了方便后续计算，也可将式（6.33）写成

$$\begin{cases} \boldsymbol{r}_1 = \lambda\boldsymbol{M}^{-1}\boldsymbol{h}_1 \\ \boldsymbol{r}_2 = \lambda\boldsymbol{M}^{-1}\boldsymbol{h}_2 \\ \boldsymbol{t} = \lambda\boldsymbol{M}^{-1}\boldsymbol{h}_3 \end{cases} \tag{6.34}$$

其中，$\lambda = s^{-1}$。

因为旋转矩阵构造时满足正交，即 r_1 正交于 r_2，所以利用正交的概念，得出每个棋盘格图像的两个约束条件：

1）两个垂直平面上的旋转向量相互垂直，根据向量原理，$\boldsymbol{r}_1^{\mathrm{T}}\boldsymbol{r}_2 = 0$。合并化简可得

$$\boldsymbol{h}_1^{\mathrm{T}}(\boldsymbol{M}^{-1})^{\mathrm{T}}\boldsymbol{M}^{-1}\boldsymbol{h}_2 = 0 \tag{6.35}$$

2）由于旋转变换属于刚体变换，因此旋转向量等长，即 $\boldsymbol{r}_1^{\mathrm{T}}\boldsymbol{r}_1 = \boldsymbol{r}_2^{\mathrm{T}}\boldsymbol{r}_2$。替换掉 r_1 和 r_2 可得

$$\boldsymbol{h}_1^{\mathrm{T}}(\boldsymbol{M}^{-1})^{\mathrm{T}}\boldsymbol{M}^{-1}\boldsymbol{h}_1 = \boldsymbol{h}_2^{\mathrm{T}}(\boldsymbol{M}^{-1})^{\mathrm{T}}\boldsymbol{M}^{-1}\boldsymbol{h}_2 \tag{6.36}$$

设

$$\begin{aligned} \boldsymbol{B} &= (\boldsymbol{M}^{-1})^{\mathrm{T}}\boldsymbol{M}^{-1} \\ &= \begin{bmatrix} 1/f_x^2 & 0 & -c_x/f_x^2 \\ 0 & 1/f_y^2 & -c_y/f_y^2 \\ -c_x/f_x^2 & -c_y/f_y^2 & c_x^2/f_x^2 + c_y^2/f_y^2 + 1 \end{bmatrix} \end{aligned} \tag{6.37}$$

则可以将两个约束条件转化为

$$\begin{cases} \boldsymbol{h}_1^{\mathrm{T}}\boldsymbol{B}\boldsymbol{h}_2 = 0 \\ \boldsymbol{h}_1^{\mathrm{T}}\boldsymbol{B}\boldsymbol{h}_1 = \boldsymbol{h}_2^{\mathrm{T}}\boldsymbol{B}\boldsymbol{h}_2 \end{cases} \tag{6.38}$$

由式（6.38）可知，两个约束方程左侧均满足 $\boldsymbol{h}_i^{\mathrm{T}}\boldsymbol{B}\boldsymbol{h}_j$ 的形式。由于矩阵 B 是一个对称矩阵，只需主对角线的任意一侧就可描述该矩阵。于是可以将多项式展开为以下形式：

$$\boldsymbol{h}_i^{\mathrm{T}}\boldsymbol{B}\boldsymbol{h}_j = \begin{bmatrix} h_{i1}h_{j1} \\ h_{i1}h_{j2}+h_{i2}h_{j1} \\ h_{i2}h_{j2} \\ h_{i3}h_{j1}+h_{i1}h_{j3} \\ h_{i3}h_{j2}+h_{i2}h_{j3} \\ h_{i3}h_{j3} \end{bmatrix}^{\mathrm{T}} \begin{bmatrix} B_{11} \\ B_{12} \\ B_{22} \\ B_{13} \\ B_{23} \\ B_{33} \end{bmatrix} \tag{6.39}$$

$$令 \begin{bmatrix} h_{i1}h_{j1} \\ h_{i1}h_{j2}+h_{i2}h_{j1} \\ h_{i2}h_{j2} \\ h_{i3}h_{j1}+h_{i1}h_{j3} \\ h_{i3}h_{j2}+h_{i2}h_{j3} \\ h_{i3}h_{j3} \end{bmatrix}^{\mathrm{T}} = \boldsymbol{v}_{ij}^{\mathrm{T}}, \begin{bmatrix} B_{11} \\ B_{12} \\ B_{22} \\ B_{13} \\ B_{23} \\ B_{33} \end{bmatrix} = \boldsymbol{b}, 则式（6.39）可简化为 \boldsymbol{h}_i^{\mathrm{T}}B\boldsymbol{h}_j = \boldsymbol{v}_{ij}^{\mathrm{T}}\boldsymbol{b}。因此，两个约束$$

条件等价为 $\boldsymbol{v}_{12}^{\mathrm{T}}\boldsymbol{b}=\boldsymbol{0}$，$(\boldsymbol{v}_{11}^{\mathrm{T}}-\boldsymbol{v}_{22}^{\mathrm{T}})\boldsymbol{b}=\boldsymbol{0}$。即

$$\begin{bmatrix} \boldsymbol{v}_{12}^{\mathrm{T}} \\ \boldsymbol{v}_{11}^{\mathrm{T}}-\boldsymbol{v}_{22}^{\mathrm{T}} \end{bmatrix}\boldsymbol{b} = \boldsymbol{0} \tag{6.40}$$

综上所述，当拍摄足够多的模板平面图片时（通常大于 3 幅图像），便可以求解出 $\boldsymbol{b}$，从而求解出内参数矩阵中的各个元素。得到内参矩阵后，可继续求得外参数：

$$\begin{cases} \boldsymbol{r}_1 = \lambda M^{-1}\boldsymbol{h}_1 \\ \boldsymbol{r}_2 = \lambda M^{-1}\boldsymbol{h}_2 \\ \boldsymbol{r}_3 = \boldsymbol{r}_1 \times \boldsymbol{r}_2 \\ \boldsymbol{t} = \lambda M^{-1}\boldsymbol{h}_3 \end{cases} \tag{6.41}$$

又由旋转矩阵性质有 $\|\boldsymbol{r}_1\| = \|\lambda M^{-1}\boldsymbol{h}_1\| = 1$，则

$$\lambda = \frac{1}{\| M^{-1}\boldsymbol{h}_1 \|} \tag{6.42}$$

至此，在不考虑透镜畸变的情况下，求解出了完整的内外参数矩阵。进一步考虑透镜畸变情况，求解畸变系数。

根据式（6.28）和式（6.29），校正畸变后的坐标和校正前的坐标关系为

$$\begin{bmatrix} x_c \\ y_c \end{bmatrix} = (1+k_1r^2+k_2r^4+k_3r^6)\begin{bmatrix} x_p \\ y_p \end{bmatrix} + \begin{bmatrix} 2p_1x_py_p+p_2(r^2+2x_p^2) \\ p_1(r^2+2y_p^2)+2p_2x_py_p \end{bmatrix} \tag{6.43}$$

根据式（6.43），代入之前计算得出的内参矩阵和外参矩阵，利用给定的坐标数据即可进一步求得畸变系数。

3. 双目相机标定

上述平面标定法是对单个相机的标定，而双目相机标定计算的是在统一的世界坐标系下两个相机之间的刚体变换关系。双目标定依然使用平面标定法，两相机同时对模板平面拍摄，再使用前面提到的单目相机标定对两相机进行标定，即可得到两相机位置的变换关系。

如图 6.19 所示，假设物理空间中有一点 P，其在世界坐标系下的坐标为 $\boldsymbol{P}_{\mathrm{w}}(X_{\mathrm{w}},Y_{\mathrm{w}},Z_{\mathrm{w}})$，左右目相机坐标系下的坐标分别为 $\boldsymbol{P}_{\mathrm{l}}$ 和 $\boldsymbol{P}_{\mathrm{r}}$，则有

$$\begin{cases} \boldsymbol{P}_{\mathrm{l}} = \boldsymbol{R}_{\mathrm{l}}\boldsymbol{P}_{\mathrm{w}}+\boldsymbol{T}_{\mathrm{l}} \\ \boldsymbol{P}_{\mathrm{r}} = \boldsymbol{R}_{\mathrm{r}}\boldsymbol{P}_{\mathrm{w}}+\boldsymbol{T}_{\mathrm{r}} \end{cases} \tag{6.44}$$

$\boldsymbol{R}_{\mathrm{l}}$、$\boldsymbol{R}_{\mathrm{r}}$、$\boldsymbol{T}_{\mathrm{l}}$、$\boldsymbol{T}_{\mathrm{r}}$ 分别为左目相机和右目相机中外参矩阵的旋转部分和平移部分，它们都可对左右目相机进行单独标定获得。而对于 $\boldsymbol{P}_{\mathrm{l}}$ 和 $\boldsymbol{P}_{\mathrm{r}}$，又有

$$\boldsymbol{P}_{\mathrm{r}} = \boldsymbol{R}\boldsymbol{P}_{\mathrm{l}}+\boldsymbol{T} \tag{6.45}$$

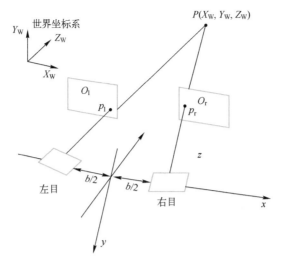

图 6.19　双目视觉模型

综上可得

$$\begin{cases} \boldsymbol{R}=\boldsymbol{R}_{\mathrm{r}}\boldsymbol{R}_{\mathrm{l}}^{-1} \\ \boldsymbol{T}=\boldsymbol{T}_{\mathrm{r}}-\boldsymbol{R}\boldsymbol{T}_{\mathrm{l}} \end{cases} \tag{6.46}$$

式（6.46）右侧的参数都可以通过单目标定获得，因此在双目标定中，对左右目分别进行标定，就可以获得两个相机之间的坐标变换矩阵，即左右相机之间的外参标定。

4. 极线校正

如图 6.17 所示，由于 p 点在两个成像平面上的投影点无法保证完全处于同一水平面上，如果直接进行立体匹配，需要考虑纵向偏移，大幅增加了待匹配点的数量和匹配难度，导致算法复杂度很高。为了解决这一问题，要对左图和右图进行极线校正。经过极线校正后，投影点在左右图像的高度一致，处于同一水平线上，在后续的工作中只需要对图像进行行扫描就可以进行立体匹配。

Bouguet 极线校正是利用已标定的双目系统的旋转和平移向量对左右成像平面进行调整，即将式（6.45）中的旋转和平移矩阵分解成 $\boldsymbol{R}_1$、$\boldsymbol{T}_1$ 和 $\boldsymbol{R}_2$、$\boldsymbol{T}_2$ 两部分。分解后的刚体变换参数应使左右图像重投影畸变最小，左右视图的重合面积最大。步骤如下：

1）将旋转矩阵分解为 $\boldsymbol{R}_1$ 和 $\boldsymbol{R}_2$，分别作为左右相机的旋转矩阵，使左右相机光轴平行。

2）利用式（6.45）中的平移向量 $\boldsymbol{T}$ 构造变换矩阵 $\boldsymbol{R}_{\mathrm{rect}}$，变换后可使得成像平面行对准。首先创建一个旋转矩阵 $\boldsymbol{R}_{\mathrm{rect}}=[\boldsymbol{e}_1,\boldsymbol{e}_2,\boldsymbol{e}_3]$，其中 $\boldsymbol{e}_1$ 为左成像平面与基线的交点，称为左极点。构造向量 $\boldsymbol{e}_1$ 使得其方向与平移向量 $\boldsymbol{T}$ 共线，其定义式如下：

$$\boldsymbol{e}_1=\frac{\boldsymbol{T}}{\parallel \boldsymbol{T} \parallel} \tag{6.47}$$

其中，$\boldsymbol{T}=\begin{bmatrix} \boldsymbol{T}_x & \boldsymbol{T}_y & \boldsymbol{T}_z \end{bmatrix}^{\mathrm{T}}$。接下来构造 $\boldsymbol{e}_2$，$\boldsymbol{e}_2$ 只需与 $\boldsymbol{e}_1$ 正交即可。$\boldsymbol{e}_2$ 定义如下：

$$\boldsymbol{e}_2=\frac{\begin{bmatrix} -\boldsymbol{T}_y & \boldsymbol{T}_x & 0 \end{bmatrix}^{\mathrm{T}}}{\sqrt{\boldsymbol{T}_x^2+\boldsymbol{T}_y^2}} \tag{6.48}$$

获取 $\boldsymbol{e}_1$ 和 $\boldsymbol{e}_2$ 后，$\boldsymbol{e}_3$ 与前两者正交，则

$$e_3 = e_1 \times e_2 \tag{6.49}$$

则变换矩阵 $\boldsymbol{R}_{\text{rect}}$ 为

$$\boldsymbol{R}_{\text{rect}} = \begin{bmatrix} (\boldsymbol{e}_1)^{\text{T}} \\ (\boldsymbol{e}_2)^{\text{T}} \\ (\boldsymbol{e}_3)^{\text{T}} \end{bmatrix} \tag{6.50}$$

最后，将旋转矩阵和变换矩阵相乘，获得左右相机各自的变换矩阵。将左右相机坐标系乘以各自的变换矩阵就可以完成极线校正。

$$\begin{cases} \boldsymbol{R}_1' = \boldsymbol{R}_{\text{rect}} \boldsymbol{R}_1 \\ \boldsymbol{R}_2' = \boldsymbol{R}_{\text{rect}} \boldsymbol{R}_2 \end{cases} \tag{6.51}$$

图6.20是使用 Bouguet 极线校正方法进行极线校正得到的实验结果。图6.20a 是极线校正前的结果。可以看到，对应的棋盘格匹配点明显不处于同一水平线上。图6.20b 是极线校正后的结果，经过极线校正，左右图的匹配点处于同一纵坐标下。因此，在后续的图像匹配过程中，只需要进行行搜索，大大降低了图像匹配的复杂度。获取视差图之后，便可一步通过三角测量法获取真实的深度信息。在后面的章节中将会具体介绍有关立体匹配和三维重建的主要内容。

图6.20　Bouguet 极线校正前后对比图
a）校正前左右目图像　b）校正后左右目图像

6.4.3　立体匹配

式（6.22）中，$z_c = \dfrac{Bf}{x_1 - x_r}$，其中，$x_1 - x_r$ 为视差值 d，B 为基线长度，z_c 为深度值，f 为相机焦距。f 和 B 都可由前面所述的相机标定技术获得，所以要从二维图像恢复物体的三维深度值信息，对视差 d 的计算成为关键，而视差 d 是由立体匹配技术获得的，因此立体匹配成为双目视觉系统的核心内容。

立体匹配的方法大致可以分为局部匹配和全局匹配。立体匹配的步骤可大致分为四步,分别为匹配代价计算、代价成本聚合、视差计算和优化、视差精化。局部匹配方法在纹理丰富的区域可以获得稠密的视差图,但是在深度不连续(视差出现突变,如边缘)处易出现误匹配;全局匹配方法的精度高,但是由于其相应参数设置困难且复杂度高,因此实时性不好。

1. 局部立体匹配

基本原理:如图 6.21 所示,首先在参考图像上选择一个像素点作为待匹配的点,并且以该点为中心建立一个 $m \times n$ 大小的窗口,称作支持窗口;然后在待匹配图像中按约束准则寻找对应点,在视差允许范围 D 内创建与支持窗口大小相同的子窗口,按照相似性度量准则选择与支持窗口相似度最大的子窗口,该子窗口内所对应的中心像素点即为匹配点;最后计算两对应点之间的视差值。

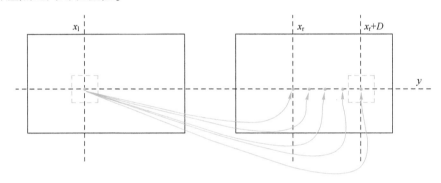

图 6.21　视差搜索过程示意图

由于已经进行了 Bouguet 极线校正,故只需要在极线方向上进行搜索,即只需进行行搜索,使得搜索范围由二维降到一维,减少了运行时间。传统区域匹配算法常用的测度函数有 SAD(像素灰度差的绝对值和)、SSD(像素灰度差的平方和)、NCC(归一化互相关),具体函数如下。

SAD:

$$C(u,v,d) = \sum_{(i,j \in w)} \left| I_1(u+i,v+j) - I_r(u+i+d,v+j) \right| \tag{6.52}$$

SSD:

$$C(u,v,d) = \sum_{(i,j \in w)} \left[I_1(u+i,v+j) - I_r(u+i+d,v+j) \right]^2 \tag{6.53}$$

NCC:

$$C(u,v,d) = \frac{\sum_{(i,j \in w)} I_1(u+i,v+j) \cdot I_r(u+i+d,v+j)}{\sqrt{\sum_{(i,j \in w)} I_1(u+i,v+j)^2 \cdot \sum_{(i,j \in \omega)} I_r(u+i+d,v+j)^2}} \tag{6.54}$$

其中,$C(u,v,d)$ 是两幅图之间的相似性测度值;$I(u,v)$ 是像素点的灰度值;w 是所选择的窗口;SAD、SSD 表征的是差异性,NCC 表征相似性,所以在视差允许范围 D 内,视差 d 应为使得差异性最小或相似性最大的值。虽然固定窗口区域匹配算法可以得到比较稠密的视差图，但是使用的代价函数算法简单，导致匹配精度不高，在一些弱纹理区域、深度不连续区域（例如，物体边缘处）、遮挡区域会出现误匹配；并且受到成像条件的影响，左右成像之间存在着一定的几何畸变，使用规则的匹配窗口，会使相似性或差异性测度受到较大的影响。

改进后的局部立体匹配算法大致可以分为基于自适应窗口的局部匹配、基于非参数变换的局部匹配和基于自适应权重的局部匹配。

自适应窗口只包含与待匹配点具有相同视差值的邻域像素点，且尽可能地包含更多的纹理信息以提高匹配精度。可移动窗口法没有将待匹配点限制在支持窗口的中心位置，如图 6.22 所示，更改待匹配点在窗口中的位置，分别计算各个区域所对应的灰度均值和方差，待匹配点灰度与窗口内的灰度均值相差越小则窗口内的像素与待匹配点视差一致性越高，方差值越小表明窗口内所包含的像素点的视差一致性越高。选择综合一致性最高的窗口，与固定窗口相比，其在处理深度不连续区域问题上有了明显的改进。除此之外，还有基于区域增长的立体匹配，首先选定初始种子点，之后根据颜色相似性寻找连通像素中的下一代种子点并将其视作新一代的种子点，进而寻找这些新种子点支持的像素点，直到满足循环终止条件为止。由于支持窗口的大小和形状只取决于颜色相似度和连通性，所以很大程度上保证了窗口内像素的视差一致，提高了匹配精度。

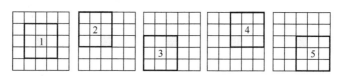

图 6.22　可移动窗口

基于 Census 变换的局部立体匹配算法在基于窗口的局部匹配算法的基础上加入了 Census 非参数变换，其变换关系如式（6.55）所示，其中，$I(u,v)$ 表示中心像素点的灰度值，$I(u',v')$ 表示支持窗口内其他像素点的灰度值，$\delta(I(u,v),I(u',v'))$ 表示 Census 变换映射。将待匹配点（中心像素点）与支持窗口中的其他像素点的灰度进行比较，若其他像素点灰度值小于待匹配点的灰度值，则将该点灰度置为 1，否则置为 0。Census 变换如图 6.23 所示。

$$\delta(I(u,v),I(u',v'))=\begin{cases}0, & I(u,v)\leqslant I(u',v')\\1, & I(u,v)>I(u',v')\end{cases} \quad (6.55)$$

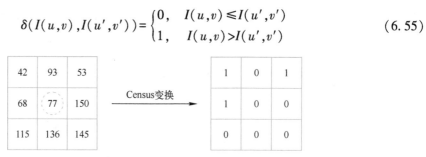

图 6.23　以 3×3 大小的窗口为例进行 Census 变换

图像经 Census 变换后得到了二进制形式的 Census 编码，再将左右两幅图像的编码按对应位置进行异或运算后统计结果中"1"的个数，即左右两图像 Census 变换窗口的汉明距离和（图6.24）。在视差允许的范围内，对于每一个视差值都需计算对应的汉明距离和，寻找使得汉明距离和最小的匹配窗口，其对应的视差值即为最优视差。利用邻域像素点与待匹配点之间的灰度值大小关系作为匹配代价，在一定程度上解决了因光照问题而导致的误匹配问题，且原理简单，运行速度快。

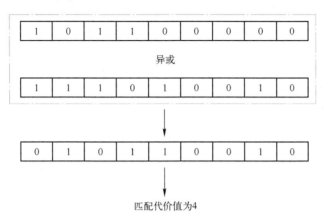

图 6.24　匹配代价汉明距离和计算过程示意图

不过传统的 Census 变换存在的缺点也显而易见，其对中心像素值的依赖使得当噪声影响到中心像素时，匹配精度下降，对此有很多的优化手段，例如，将 Census 代价与周围像素梯度变化相结合计算匹配代价以及 SAD-Census 算法等。

自适应权重算法选择大小固定的窗口，给窗口内的每一个像素值赋予一个权重，对于权重的选择有基于色彩相似性和空间欧氏距离的自适应权重算法、基于图像分割的自适应权重算法等。其中应用最广泛的是基于色彩相似度和空间欧氏距离计算权重值。与中心像素点的颜色相似度越大，欧氏距离越小的像素具有相同视差值的可能性越大，因此赋予的权重越大。权重表达式和匹配代价表达式分别如下：

$$\omega(p,q) = \mathrm{e}^{-\left(\frac{\Delta C_{pq}}{r_c} + \frac{\Delta g_{pq}}{r_p}\right)} \tag{6.56}$$

$$C(p,p_d) = \frac{\sum\limits_{q \in N_p, q_d \in N_{pd}} \omega(p,q)\omega(p_d,q_d)e(q,q_d)}{\sum\limits_{q \in N_p, q_d \in N_{pd}} \omega(p,q)\omega(p_d,q_d)} \tag{6.57}$$

式（6.56）中，p、q 为支持窗口内的像素点，p 为中心点，q 为其邻域内的点；ΔC_{pq} 表示 p、q 两点之间的色彩相似度，如式（6.58）所示，一般用 CIELab 颜色空间中的总色差值表示，其中，L_p-L_q、a_p-a_q、b_p-b_q 分别表示 p、q 两点明度差异值、红/绿差异值、黄/蓝差异值；Δg_{pq} 表示 p、q 两点之间的欧氏距离，如式（6.59）所示，其中，x_p、y_p、x_q、y_q 分别表示 p、q 两点的横纵坐标值；r_c 和 r_p 分别表示颜色差和距离权值的系数，是经验值。

$$\Delta C_{pq} = \sqrt{(L_p-L_q)^2 + (a_p-a_q)^2 + (b_p-b_q)^2} \tag{6.58}$$

$$\Delta g_{pq} = \sqrt{(x_p-x_q)^2 + (y_p-y_q)^2} \tag{6.59}$$

式（6.57）中，p_d、q_d 为匹配窗口内的点，p_d 为中心点，q_d 为其邻域内的点；N_p 为支持窗口；N_{pd} 为匹配窗口；$e(q,q_d)$ 的计算公式如式（6.60）所示，表示支持窗口和匹配窗口的 RGB 像素值之差，其中，$I_c(q)$、$I_c(q_d)$ 分别为 p、p_d 两点在 RGB 颜色空间中三个通道的色彩信息，T 为截断阈值：

$$e(q,q_{\mathrm{d}}) = \min\left\{\sum_{C \in \{R,G,B\}} |I_C(q) - I_C(q_{\mathrm{d}})|, T\right\} \tag{6.60}$$

最后在视差允许范围内选择使得匹配代价函数 $C(p,p_{\mathrm{d}})$ 最小的视差值。虽然该算法精度高，但是其代价成本聚合计算量大且复杂，因此提出了针对匹配代价聚合进行优化的算法，例如，两路自适应支持权重法等。

2. 全局立体匹配

局部立体匹配和全局立体匹配的区别是，在局部立体匹配中采用 Winner-Take-All 的方法，即选择使得匹配代价聚合函数最大/最小的视差值为最优视差；在全局立体匹配中利用整幅图像的信息建立如式（6.61）所示的全局能量函数，通过各种优化方法找到使得能量函数最小的视差值。常见的算法有置信传播（Belief Propagation）、模拟退火（Simulated Annealing）、动态规划（Dynamic Programming）和图割（Graph Cuts）等。

$$E(d) = E_{\mathrm{data}}(d) + E_{\mathrm{smooth}}(d) \tag{6.61}$$

$$E_{\mathrm{data}}(d) = \sum_{p \in I} D_p(d_p) \tag{6.62}$$

$$E_{\mathrm{smooth}}(d) = \sum_{(p,q) \in N} V(d_p, d_q) \tag{6.63}$$

$E_{\mathrm{data}}(d)$ 是能量函数的数据项，如式（6.62）所示，表示在不考虑周围邻域像素影响的情况下，视差为 d_p 时（$d_p \in D$，D 表示视差允许范围），图像 I 中所有像素点的匹配代价之和，其中，p 代表某个特定的像素点，I 表示图像中所有像素的集合；$E_{\mathrm{smooth}}(d)$ 是能量函数的平滑项，如式（6.63）所示，表示像素之间在视差上相互影响的关系，相邻像素之间视差值相差越大，则 $E_{\mathrm{smooth}}(d)$ 的值越大，由此可以看出平滑项部分是通过判断视差不连续性对整体能量函数施加约束，以抑制噪声对匹配结果的影响。其中，N 表示相邻像素对的集合，像素点 p、q 的视差分别为 d_p、d_q，$V(d_p, d_q)$ 表示视差平滑约束关系。

在实际应用中，使用迭代法来求解能量函数的最小值是不可行的，因此有了各种近似求解算法，其中动态规划、置信传播算法是使用比较广泛的。

动态规划算法是把能量函数最小化这一计算量较大的问题分解为求多个子问题的最优解，进而解决整个问题，降低了计算复杂度。经过 Bouguet 极线校正后，满足顺序一致性约束准则，即参考图像上某条极线上的序列点，在匹配图像的对应极线上的对应匹配点也是按相应的顺序排列的。动态规划算法的实质就是基于这一约束准则，首先将立体匹配过程分成在各极线上的匹配，然后依次寻找每条扫描行上的匹配点对的最小代价路径，记录其对应的视差值，最后综合每条扫描线上最优路径的视差值生成最后的视差图像。传统的动态规划算法在处理图像遮挡区域和弱纹理区域效果良好，但是由于匹配过程忽略了极线之间的视差约束，导致最后生成的视差图有条纹瑕疵。针对这一缺点，有学者提出了基于行列双通道的动态规划算法，考虑垂直方向的视差一致性约束，对扫描行间也进行动态寻优，在一定程度上改善了条纹瑕疵现象。

置信传播算法利用马尔可夫随机场模型对图像建模，该模型可以将各个节点的本质特征描述出来，利用概率表征节点之间的依赖关系。如图 6.25 所示，图中每个节点代表一个像素点，每条边代表这两个节点之间的概率依赖关系。

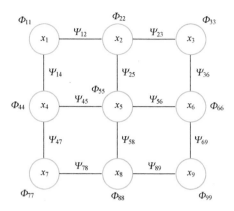

图 6.25 马尔可夫随机场模型

根据马尔可夫特性，图中每个节点 x 的概率分布只与其邻域（通常是 4 邻域）内的节点有关。每个节点在马尔可夫随机场中的后验概率分布为

$$P(x,y) = \prod_{(i,j)} \Psi_{ij}(x_i,x_j) \prod_p \Phi(x_p,x_p) \tag{6.64}$$

式中，x 表示待测随机变量；x_i、x_j 表示两相邻节点；y 表示只与 x 有关的已知变量；$\Psi_{ij}(x_i, x_j)$ 表示 x_i 和 x_j 之间的依赖关系；$\Phi(x_p,y_p)$ 表示待测点和已知点之间的相互作用关系。

用最大后验概率估计求解待测随机变量 x 的值：

$$x^{MAP} = \underset{x}{\mathrm{argmax}}\, P(x,y) \tag{6.65}$$

置信传播算法在马尔可夫随机场中引入了信息和置信度这两个概念：将求解某一待测节点的过程描述为其他节点向该节点传递信息的过程；待测节点的边缘概率分布函数描述为待测节点的置信度。后验概率估计表征参考图像和待匹配图像之间的匹配程度，所以使得后验概率取得最大值时的视差值即为最优视差。

6.5 结构光

结构光技术是一种主动投影式的三维测量技术，通过使用投影仪和相机组成的系统对物体进行三维测量。基于结构光的三维测量技术发展很快，目前广泛应用于人脸识别、智能手机、工业视觉测量、虚拟现实、无人驾驶以及机器人等领域。例如，苹果 iPhone 手机中的人脸识别功能就采用了结构光技术。

6.5.1 结构光的概念和工作原理

结构光扫描及重建是三维重建过程中获取及复现物体三维信息的核心技术，涉及编码结构光图案及物体表面结构光图像解码两项关键技术。由于结构光编码方式与解码方式存在因果关系，因此将这两种技术统称为结构光技术。

结构光是指具有特定模式的光，其图案可以是点、线、面等。而基于结构光的三维重建方法首先将含有编码信息的结构光投影到物体表面，再使用摄像机接收该物体表面反射的结构光图案，接收的图案是受到物体表面形貌调制后的，包含了物体表面的空间信息（图 6.26）。通过解码这些发生形变的条纹并和投影之前的图案进行配准，结合投影仪和相机的标定参数就可以利用三角测距原理来计算深度信息。

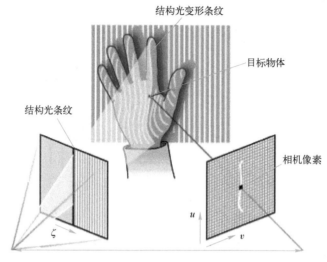

图 6.26　结构光测量原理

6.5.2　结构光的分类

　　根据结构光编码方式的不同，结构光可分为离散编码结构光和连续编码结构光。根据结构光投射图案不同，又可以分为点结构光、线结构光与编码结构光。

　　点结构光使用半导体激光器投射光照至被测物体，并由相机拍摄光点。利用三角测量法，该光点的深度信息由光点在成像面上的位置反映。如要获取整个被测物体表面的信息，还需要分别沿水平和垂直两方向逐点扫描。点结构光法在测距方面的实时性较好，但是在测量物面信息方面计算量大，因此在物面测量上常采用线结构光或编码结构光。

　　线结构光法原理与点结构光法相近，不同的是，其光源发出的光线，经由被测物体反射后会变成一条激光带，根据 CCD 相机拍摄的激光带的位置信息可以获得被测物体的截面轮廓。线结构光与点结构光相比携带的信息量更大，采集速度更快，精度也有显著的提高。

　　编码结构光在基于线结构光的基础上，对多个条纹进行编码，编码的方式主要有时间编码、空间编码和直接编码。

　　时间编码的主要思路是将不同编码的图案按照时序先后投射到物体表面，得到相应的编码序列，再将编码序列组合起来进行解码，从而得到物体的深度信息。时间编码策略中较为成熟的方法为相移法和格雷码。由于有多幅投影图案，每幅图案的编码可以很简单，因此在解码环节变得非常容易，但是也会使时间编码的速度较慢，无法对动态物体进行深度感知。

　　空间编码技术只需要投影一幅编码图案到物体上，对每个特征点进行编码时通常会利用到其周围像素点的信息，比如灰度值、颜色、几何形状等。获得一幅受物体表面形貌调制后的编码条纹后，根据编码图像和编码方式对照解码。这种方法可以做到实时地投影条纹并拍摄条纹，因此适合扫描运动物体表面的三维信息。

　　空间编码的编码图案中每个像素的码字是由其本身及周围邻域像素的亮度构成的特定排

列以及几何形状决定的，一幅图案中包含丰富的解码信息。这种编码技术的解码过程一般比较困难，需要复杂的后期图像处理程序，而且如果遇到物体的遮挡、阴影、凸起等情况，不能正确地获取某些点邻域的条纹时，会导致编码错误，所以空间编码技术通常用来扫描表面变化平缓的物体。空间编码的常用方法主要有非规则编码、De Bruijn 序列编码、M-arrays编码等。此外，很多流行的 3D 结构光传感器所采用的散斑图案设计方法也属于空间编码，其设计关键之处是如何保证局部编码在全局图像中的唯一性。

直接编码技术也是使用一幅投影图案。直接编码一般可以分为基于灰度的编码和基于彩色的编码。直接灰度编码法使用的编码图案的灰度值在各个方向上是连续渐变的，因此理论上可以获得很高的重建分辨率，但是这种方案的解码过程比较复杂。直接彩色编码法与直接灰度编码法类似，也是根据各像素点的光强比实现三维信息获取，如彩虹图案编码模式等。

6.5.3　相移法

相移法可归类为时间编码技术，是一种典型的结构光三维重建方法。它是将一系列相移条纹图像编码投影到物体表面，由于原始条纹在物体具有高度的位置有了附加相位，所以会发生扭曲，形成一系列扭曲的条纹。通过扭曲的条纹和原始条纹对比计算得到相位变化值。如图 6.27 所示，已知摄像机、投影仪和目标物体具体位置和相互之间的距离，利用数学关系可求出对应点的高度值，从而实现三维信息获取。

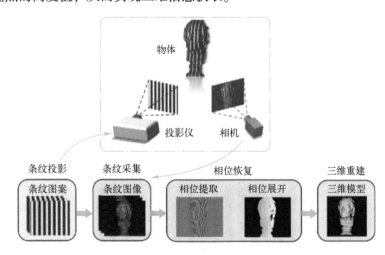

图 6.27　相移法流程图

1. 光学干涉建模

在图 6.28 中，S 是一个小孔，从 S 散射出的光落在光屏 A 的两个小孔 S_1 和 S_2 上，S_1 和 S_2 距离 S 等距。从 S_1 和 S_2 再次散射出的光由于具有相同波长，所以称为相关光波。它们在光屏 B 上叠加，形成干涉条纹，光屏 B 与 A 相距为 D，两孔间距为 d。

考查 B 上任一点 P 的光强，满足：

$$I = I_1 + I_2 + \sqrt{I_1 I_2} \cos\delta \tag{6.66}$$

其中，I_1 和 I_2 是两个光波的光强，δ 是两束光波的相位差，因此在同一个光源照射的条件下，

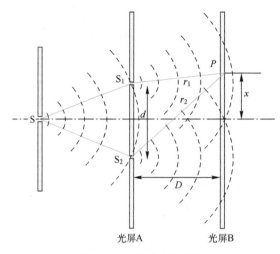

图 6.28 光学干涉建模

P 点处的相位差唯一决定这一点处的光强大小，如式（6.67）所示。

$$\delta = 2\pi \frac{r_2 - r_1}{\lambda} \tag{6.67}$$

如果用 x 表示 P 点到中心轴的距离，根据几何关系，可以写为

$$\delta = \frac{2\pi d}{D\lambda} x \tag{6.68}$$

可见式（6.68）是一个线性函数，代入式（6.66），得到

$$I = I_1 + I_2 + \sqrt{I_1 I_2} \cos \frac{2\pi d}{D\lambda} x \tag{6.69}$$

转换为标准形式为

$$I = A + B \cos \left(\frac{2\pi}{T} x + \varphi_0 \right) \tag{6.70}$$

在 T 和 φ_0 为常数的条件下，干涉图像如图 6.29 所示。

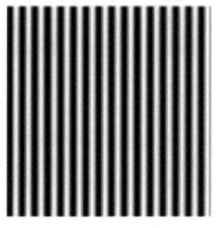

图 6.29 干涉图像

2. 解包裹

把式（6.70）转换成如下的标准形式：

$$I = A + B\cos\varphi \tag{6.71}$$

干涉的本质是两束光能量的重新分布，条纹分布的形态如式（6.71）所示，主要由余弦函数的自变量，也就是相位差决定，而相位差由光程差决定。式（6.71）有三个未知数，分别是 A、B、φ，需要如下四个方程来求解：

$$\begin{cases} I_1 = A + B\cos\varphi \\ I_2 = A + B\cos\left(\varphi + \dfrac{1}{2}\pi\right) \\ I_3 = A + B\cos\left(\varphi + \dfrac{2}{2}\pi\right) \\ I_4 = A + B\cos\left(\varphi + \dfrac{3}{2}\pi\right) \end{cases} \tag{6.72}$$

在解这个方程组的过程中，相位差 φ 被约束在 $[-\pi, \pi]$ 之间，一般称为"包裹"或"折叠"，如图 6.30 所示。

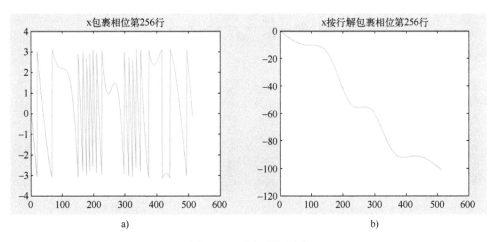

图 6.30　"包裹"图像

因此，通过引入相移量来求解相位差，投影仪投射条纹模型如下：

$$\begin{cases} I_1(x, y) = A + B\cos\left(\dfrac{2\pi}{T}x\right) \\ I_2(x, y) = A + B\cos\left(\dfrac{2\pi}{T}x + \dfrac{1}{2}\pi\right) \\ I_3(x, y) = A + B\cos\left(\dfrac{2\pi}{T}x + \dfrac{2}{2}\pi\right) \\ I_4(x, y) = A + B\cos\left(\dfrac{2\pi}{T}x + \dfrac{3}{2}\pi\right) \end{cases} \tag{6.73}$$

此时，投影仪投射图像如图 6.31 所示。

相机拍摄实际目标物体时，会在参考面相位 φ_0 基础上再附加一个相位 φ_1，即

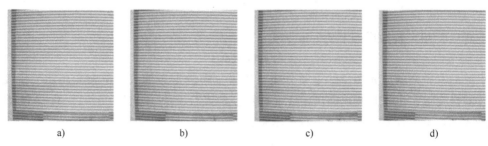

图 6.31　投影仪投射相移图

a) $I_1(x,y)$　b) $I_2(x,y)$　c) $I_3(x,y)$　d) $I_4(x,y)$

$$\begin{cases} I_{o1}(x,y)=A+B\cos\left(\dfrac{2\pi}{T}x+\varphi_0(x,y)+\varphi_1(x,y)\right) \\[2mm] I_{o2}(x,y)=A+B\cos\left(\dfrac{2\pi}{T}x+\dfrac{1}{2}\pi+\varphi_0(x,y)+\varphi_1(x,y)\right) \\[2mm] I_{o3}(x,y)=A+B\cos\left(\dfrac{2\pi}{T}x+\dfrac{2}{2}\pi+\varphi_0(x,y)+\varphi_1(x,y)\right) \\[2mm] I_{o4}(x,y)=A+B\cos\left(\dfrac{2\pi}{T}x+\dfrac{3}{2}\pi+\varphi_0(x,y)+\varphi_1(x,y)\right) \end{cases} \tag{6.74}$$

此时，投射图像如图 6.32 所示。

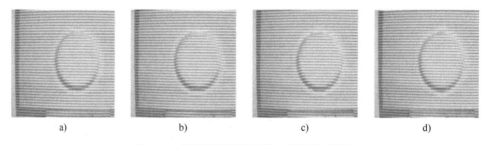

图 6.32　投影仪投射被物体调制后的相移图

a) $I_{o1}(x,y)$　b) $I_{o2}(x,y)$　c) $I_{o3}(x,y)$　d) $I_{o4}(x,y)$

我们的目的就是求解 φ_1，需要对图像序列 $\{I_{o1},I_{o2},I_{o3},I_{o4}\}$ 求解包裹相位，以牺牲时间获取更高分辨率，三维重建结果如图 6.33 所示。

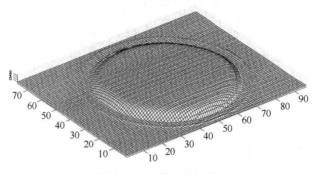

图 6.33　三维重建结果

6.6　三维重建

三维重建，即先获得目标场景的三维图像，再建立目标场景的计算机模型。这种 3D 重建过程已经在医学和工业视觉方面得到应用，也用于建立虚拟现实等环境所需的目标模型。3D 重建过程可分为 3D 数据获取、图像配准、表面重建和优化等步骤。

6.6.1　3D 数据获取

如图 6.34 为一套实验室专用的双目主动立体视觉系统，它由左、右目两个摄像机和一个投射器组成，与计算机软件系统连接，可以获得深度数据和彩色数据。

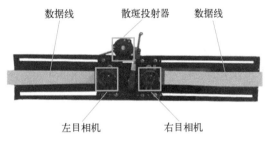

图 6.34　双目主动立体视觉系统

投影仪发射特定的散斑图案到物体上，可以手动调焦。散斑图案照射到目标物体，可通过系统获得深度图像，也可以拍摄到彩色图像。这个系统可以作为标准的两摄像机体视系统，投影仪投射线形光带到目标物体上。保持摄像机和投影仪不动，每次按照一定的角度转动目标物体，每到一个位置，重复上述过程。在每一幅图像上，光带与外极线的交点作为立体匹配的一点，两个相匹配的像素点确定 3D 空间中的一点。

用两台以上的摄像机可以提高图像捕捉系统的可靠性，一台摄像机作为基本摄像机，在该摄像机坐标系下计算深度图像。对于基本摄像机，投影仪和其他摄像机中至少有一个必须是可见的。在四个摄像机和一个投影仪组成的系统中，如果基本摄像机对于其他三台摄像机中的两台或者全部三台都是可见的，那么冗余的图像就能使系统更加稳健。这是由于基本摄像机外加两幅图像，就可以得到三个图像点，这样就有三个对应图像点参与三角计算，可分别算出 3D 坐标。此时所得出的三个坐标有可能不同，但如果误差在一个可接受的范围内，就可认为是有效的，计算三个坐标点的平均值即可作为最终结果；或者采用基线最宽的两台摄像机的测量结果，因为这个结果比其他两种情况更可靠。如果该点在全部四台摄像机中都是可见的，便有 6 种可能的组合，仍然可以检验它们是否都落在一个小的体积范围内，抛弃范围外的结果，采用结果平均值或者采用基线最宽的那对摄像机的测量结果，这样做的精度要高于只用一对固定摄像机的精度。

6.6.2　图像配准

为了覆盖物体的更大范围表面，必须根据多幅视图得到深度数据。不同视图之间的变换可以通过精确的机械运动得到或者通过图像对应求出。如果用高精度设备，如标定好的机器人或者坐标测量机，来控制摄像机或者物体运动，那么系统就可以自动完成视图之间的变换。

如果摄像机或物体的运动不是由机器控制的，就必须有一种检测视图对应的方法，该检测方法计算数据从一幅视图映射到另一幅视图的刚性变换。基于角点或线段等特征可以得到3D-3D 的对应点，从而算出变换关系；也可以通过交互的方式，比如允许用户在一对目标图像上选择对应点。

无论哪种情况，最初的变换都不会是完美的。机器人和测量机会产生伴随误差，当运动比较多时误差将会变大。自动寻找对应点的方法受到匹配算法的影响，也会找到错误的对应点。人工选点的方法也会出现误差，即使量化后能够找到正确的像素，但变换也有可能是错误的。

为了解决这些问题，多数图像配准方法采用迭代算法，通过一个最小化策略对初值对应点不断修改。例如，最近迭代点算法（ICP），使 3D 点 P_1 和 P_2 之间的距离之和最小化，其中点 P_1 来自一幅视图，P_2 是另一幅视图中与点 P_1 相距最近的点。关于图像配准内容更为详细的介绍，将在后面章节中进行补充。

6.6.3 基于泊松方程的表面重建

表面重建是指根据物体扫描得到的点云数据，恢复出该物体轮廓形状的过程。表面重建技术一般可以分为两大类：插值法和曲面拟合法。

插值法是根据原始点云数据和插值得到的数据点来构造均匀的三角网，最终以大量三角片的形式恢复出物体的表面。这种方法很容易受到原始点云数据中的噪声点和冗余点的影响，导致最后重构出来的轮廓形状发生改变。

曲面拟合法是根据一系列点云数据拟合出点云分布的近似曲面。该方法使用隐函数框架来拟合曲面，首先计算一个三维指示函数（在模型内部的点定义为 1，外部的点定义为 0），然后提取合适的等值面以获得最终的重建表面。

例如，泊松重建就是使用隐函数法来求解物体表面重建的方法，围绕估计模型的表面指示函数以及提取零等值面，将表面重建转化为一个空间泊松的问题。这种方法同时具备全局和局部拟合表面法的好处，对点云去噪具有明显的效果。

输入的点云数据包含着模型表面的信息，而对于存在于表面附近的点，这些位置上指示函数的梯度值为该点集的内法向量，这样重构指示函数 χ_M 的问题就转化为在已知点集 V 的前提下根据式（6.75）的关系解得指示函数 χ：

$$\Delta \chi = \nabla V \tag{6.75}$$

指示函数的梯度在除模型表面附近的点之外，基本上都是零。图 6.35 形象地描述了二维空间里泊松表面重建的过程。

图注中，M 为模型实体，∂M 为物体表面，χ_M 为所对应的指示函数。指示函数是个分段函数，定义模型内部的值大于 0，外部的值小于 0，而为 0 的部分即为等值面，提取出来的就是目标模型的表面。

泊松表面重建步骤如下：

1）构建八叉树。首先根据点云的密度对空间网格进行自适应划分，之后根据采样点集的空间位置定义八叉树，最后不断细分八叉树，使得每个采样点都落在深度为 D 的叶子节

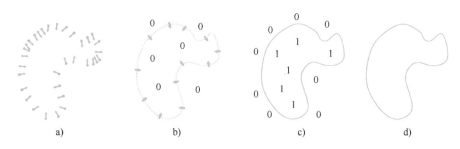

图 6.35　泊松重建的 2D 直观显示

a）点集 V　b）指示梯度 $\nabla\chi_M$　c）指示函数 χ_M　d）物体表面 ∂M

点上。

2）设置空间函数和向量场。首先对八叉树的每个节点设置空间函数 F，那么向量场可以由所有节点的空间函数 F 的线性和表示。

3）创建向量场。在均匀采样的情况下，假设划分的块是常量，通过向量场 V 逼近指示函数的梯度。采用三次样条插值（三线插值）将向量场在整个空间中进行插值，以获得八叉树节点上的连续向量场表示。这有助于更准确地估计梯度信息，为后续的泊松方程求解提供更好的初始条件。

4）求解泊松方程。采用拉普拉斯矩阵不断迭代可以求出方程的解。

5）提取等值面。首先对采样点位置进行估计，得到其平均值后，对等值面进行提取，最后使用移动立方体算法获得等值面。

6.6.4　优化

为了提高大规模散乱点云的重建精度和效率，针对泊松算法在实际工程应用中产生的数据孔洞现象，以及不能很好地捕捉重建表面局部细节的缺陷进行了优化。通过对采样点中的异常点进行分析，根据分析结果进行相应的降噪后处理，利用双三次样条插值方程拟合曲面，能够很好地修复孔洞，解决点云模型全局偏移的问题，形成新的采样点。采用最小二乘法精确计算并调整了点云数据法向量，能够解决传统算法重建的面片质量问题，使重建出的表面细节更加显著。

优化的基本思想是，首先对输入的点云数据进行采样点位置误差分析，根据分析结果降噪，进行异常点的分类；其次在形成新的样本点后精确计算点云数据的法向量；最后利用泊松重建算法重建出模型，提高重建模型表面的质量和精度。优化的泊松重建过程如图 6.36 所示。

1）对扫描得到的点云数据进行数据分析，将异常点按照分析结果进行分类，使用中值和高斯滤波降噪处理，将降噪后的数据建立八叉树的拓扑关系。

2）采用双三次样条插值方程拟合曲面，优化点云数据来修复点云孔洞，提高重建质量。

3）将新产生的采样点 K 近邻的点近似在一个局部平面上，之后通过最小二乘法拟合该平面方程，从而计算得到点云数据的法向量。对求得的法向量进行一致化，并对其进行修正。

4）求解泊松方程，提取等值面，完成模型表面的三维重建。

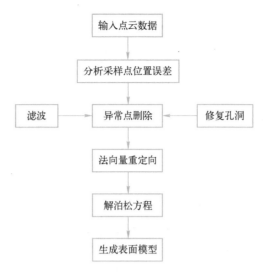

图 6.36　优化后的泊松重建算法流程

6.6.5　三维重建常见算法

除了前面介绍的泊松重建算法，还有很多比较常见的其他算法，例如，贪婪投影三角化算法、Marching Cube 算法等。

贪婪投影三角化算法首先将三维点云向法线方向投影，然后利用 Delaunay 对投影得到的点进行重建。虽然 Delaunay 重建对无组织点集的几何信息进行了补充，但是这种方法非常耗时，因此又产生了基于 Delaunay 的空间区域增长算法。该算法结合了 Delaunay 和区域增长法的优势。首先从样本点集中选取一个符合 Delaunay 原则的三角形，以此网格作为初始区域，从这个三角形出发，通过区域增长，将新的三角形附加到该区域的一条边上，不断迭代来扩张曲面边界，最后利用局部最优的方法来实现较好的可视效果。

Marching Cube 算法（移动立方体算法）是目前三维数据场等值面生成中最常用的方法。它实际上是一个分而治之的方法，把等值面的抽取分布于每个体素中进行。对于每个被处理的体素，以三角片逼近其内部的等值面片。每个体素是一个小立方体，构造三角片的处理过程对每个体素都"扫描"一遍，就好像一个处理器在这些体素上移动一样，由此得名移动立方体算法。

该算法基于下述假设：即等值面穿过体素单元的方式是非常有限的，因此可根据每个体素顶点的标量值列举出所有可能出现的拓扑情况，对每种情况建立其等值面的连接模式，存储在索引表中，通过索引即可快速求得该体素内的等值面多边形连接模式。每个体素的等值面模式取决于该体素八个顶点与等值面的相对位置状态。

当给定一个门限值（阈值）c，一个边界体素内的等值面片就唯一确定了。对于一个体素，每个顶点只有两种状态（或者称为两种颜色），如果立方体顶点的数据值大于或等于等值面的值，则定义该顶点位于等值面之外，记为"0"；如果立方体顶点的数据值小于等值面的值，则定义该顶点位于等值面之内，记为"1"。这样它的任一个角点将被分成物体内的点或物体外的点。其中，一个体素最多有 $2^8 = 256$ 种模式。根据互补对称性，即体素的角点标记置反（0 变为 1，1 变为 0，也可以称为顶点状态翻转对称性）不影响该体素的三角剖分，也就不会影响物体表面的拓扑结构，因此 256 种模式就简化成 128 种。再根据旋转对称性（即旋转后，其等值面的拓扑结构不变），可以将这 128 种构型进一步简化成 15 种。

Marching Cube 算法的基本步骤如下：

1）选择一个体素单元。

2）确定体素中每个角点的状态值。

3）生成体素单元的索引值 index，每个角点的状态值占 1 bit。

4）根据该索引值在索引表中找到其等值面的连接模式。

5）根据等值面连接模式，计算出角点的几何位置及其相应的法向量和标量值。

6）采用光照模型计算等值面的光亮度。

6.7　本章小结

本章聚焦于从三维角度去理解图像内容的本质，涵盖了三维视觉的基本概念，如深度感知、点云数据表示以及三维重建等。通过这些方法，可以更全面地理解和处理现实世界中的三维信息。随着激光雷达和立体摄像头等传感器的发展，以及深度学习在点云处理上的应用，三维图像理解正迎来前所未有的发展机遇。科技的发展不仅仅关乎技术本身，更关乎对社会和环境的积极影响。在三维图像理解领域，我们应思考如何利用技术促进城市规划、交通安全等社会问题的解决。

习题

1. 三维视觉感知方法主要有哪些？
2. 与三维视觉感知相关的软硬件系统有哪些？
3. 摄像机成像模型原理是什么？
4. 双目视觉三维重建的原理是什么？
5. 结构光投射图案有哪些？
6. 结构光相移法的原理是什么？
7. 三维重建算法有哪些？请列出两种以上。
8. 基于泊松方程的表面重建原理是什么？

第7章 基于深度学习的视觉感知

基于深度学习的智能视觉感知发展很快，最早的深度学习模型就来自计算机视觉的应用，深度学习的发展不仅突破了很多难以解决的视觉难题，提升了对于图像认知的水平，而且加速了计算机视觉领域相关技术的进步。可以说，两个领域的发展是相辅相成的。

7.1 深度学习简介

深度学习（Deep Learning）在近年来取得了巨大发展，并且在人工智能的很多相关领域，如计算机视觉、机器学习、机器翻译以及自然语言处理等都取得了很大进展。从根源来讲，深度学习是机器学习的一个分支，是以深度神经网络为工具的机器学习方法。

7.1.1 人工神经网络

人工神经网络（Artificial Neural Network，ANN）的研究从一开始就受到一种认识的推动：人类大脑的计算方式与传统的数字计算机完全不同。大脑是一个高度复杂、非线性、并行的计算机（信息处理系统）。它有能力组织其结构成分，即神经元，执行某些计算（如模式识别、感知和运动控制），其速度比目前最快的数字计算机要快很多倍。例如，负责信息处理任务的人类视觉系统。视觉系统可以给我们提供需要的信息和特定的环境交互，大脑完成感知识别任务需要 100~200 ms，而在计算机上解决比这个简单得多的任务却要花费大量时间。那么人类的大脑是如何做到这一点的？在出生时，大脑已经有了相当大的结构和能力，通过我们通常所说的"经验"来建立自己的行为规则。事实上，经验是随着时间的推移而建立起来的，而人类大脑的大部分成长是在出生后的最初两年。"发育中的"神经系统就是可塑性大脑的同义词，可塑性使发育中的神经系统能够适应周围的环境。通俗来讲，神经网络是一种旨在模拟大脑执行特定任务或感兴趣的功能的方式。神经网络使用了大量的简单计算单元的互联，这些计算单元被称为"神经元"或"处理单元"，由此可以这样定义神经网络，即神经网络是一个由简单的处理单元组成的大型平行分布处理器，每个处理单元能够自然地存储经验知识并在实用中得到体现。它在两个方面与大脑类似：

1）知识是通过学习过程从环境中获得的。

2）神经元间的连接强度（突触权重）被用来存储获得的知识。

完成学习阶段的步骤被称为学习算法，它的作用是以一种有序方式修正网络的权重从而达到所要的设计目标。然而，通过参考人类大脑中的神经元死亡和新的突触连接可以生长这一事实，可以发现神经网络也有可能改变它自己的拓扑结构。

神经网络是一种运算模型，由大量的节点（或称"神经元"）相互连接而成。每个节点代表一种特定的输出函数，称为激活函数（Activation Function）。每两个节点间的连接都代表一个对于通过该连接信号的加权值，称为权重，这相当于人工神经网络的记忆。网络的输出则依网络的连接方式、权重值和激励函数的不同而不同。而网络自身通常都是对自然界某种算法或者函数的逼近，也可能是对一种逻辑策略的表达。

如图 7.1 所示是一个经典的神经网络。左侧三个单元表示的是输入层，中间四个单元表示的是中间层，右侧的两个单元表示的是输出层，每个单元代表着一个神经元。通常设计一个神经网络时，输入层与输出层的节点数往往是固定的，中间层则可以任意指定，神经网络结构图中的拓扑与箭头代表着预测过程时数据的流向。下面先了解一下单个神经元的结构。

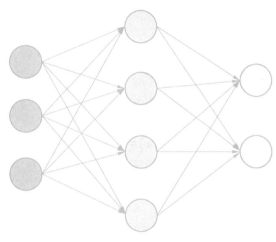

图 7.1　神经网络结构图

人脑中的神经元具有多个用来接收传入信息的树突，轴突尾端有许多轴突末梢可以给其他多个神经元传递信息，轴突末梢与其他神经元的树突产生连接，从而传递信号，这个连接的位置在生物学上叫作"突触"。神经网络中的神经元是信息处理单元，是神经网络运行的基础，图 7.2 的框图显示了神经元的模型。神经元模型是一个包含输入、输出与计算功能的模型，输入可以类比为人脑神经元的树突，而输出可以类比为人脑神经元的轴突。

训练一个神经网络的过程其实就是一个不断调整网络中权值的过程，训练算法就是让权重的值调整到最佳，以使得整个网络的预测效果最好。图 7.2 使用 x 来表示输入信号，用 w 来表示权值。在神经元模型里，每个有向箭头表示的是值的加权传递，输入层的信号是 x，将其与各自的加权参数 w 相乘后，传递给下一个神经元。在下一个神经元中计算这些加权信号的和，激活函数将加权信号之和转换为输出信号，如式（7.1）所示输出信号用 Z 表示。

$$Z = g\left(\sum_{i=1}^{m} (x_i w_i + b) \right) \tag{7.1}$$

其中，g 表示的是激活函数；b 为表示偏差的参数，用来控制神经元被激活的容易程度。激活函数的作用是能够给神经网络加入一些非线性因素，使得神经网络可以更好地解决较为复杂的问题。常见的激活函数有 Sigmoid 函数、Tanh 函数、ReLU 函数等，如图 7.3~图 7.5 所示。如式（7.2）所示的 Sigmoid 函数，其将输出映射在(0,1)之间，单调连续输出范围有限，通常在输出层使用该函数。如式（7.3）所示的 Tanh 函数，其输出映射在(-1,1)之间，收敛速度比 Sigmoid 函数快。如式（7.4）所示的 ReLU（Rectified Linear Unit）函数在输入

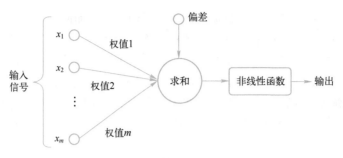

图 7.2 神经元模型

为正时不会出现 Sigmoid 函数的梯度消失问题，且收敛速度快。

$$\text{Sigmoid}(x) = \frac{1}{1+e^{-x}} \tag{7.2}$$

$$\text{Tanh}(x) = \frac{e^{x}-e^{-x}}{e^{x}+e^{-x}} \tag{7.3}$$

$$\text{ReLU\_g}(x) = \begin{cases} x, & x>0 \\ 0, & x \leqslant 0 \end{cases} \tag{7.4}$$

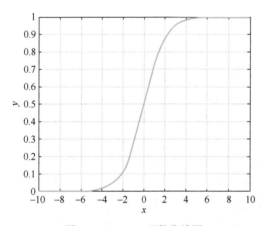

图 7.3 Sigmoid 函数曲线图

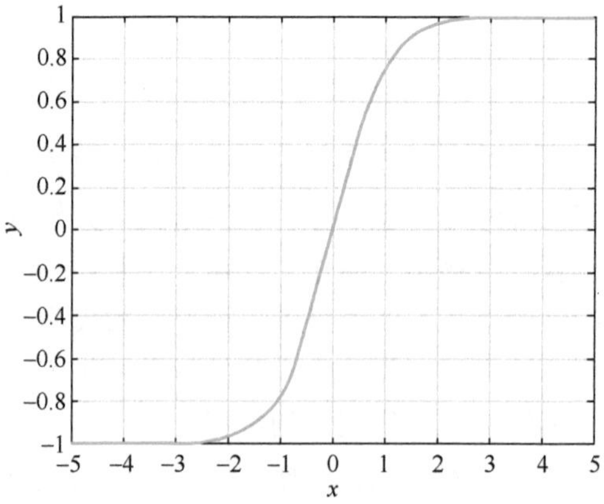

图 7.4 Tanh 函数曲线图

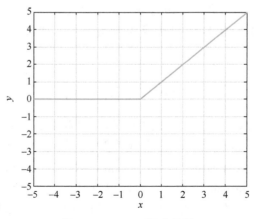

图 7.5 ReLU 函数曲线图

人工神经网络的学习方式通常包括有监督学习、强制学习和无监督学习等。

有监督学习（Supervised Learning）：在已知一组正确的输入、输出结果的条件下，神经网络依据这些数据，调整并确定权值。

强制学习：作为一种输入模式被提出的同时，一个适当的响应层神经元在外界作用下被迫动作，不断强制使连接强度增加，并随着时间的推移，在没有外力作用下去分类。

无监督学习（Unsupervised Learning）：只有输入数据、没有正确的输出结果情况下，确定权值。

7.1.2　深度学习的概念

深度学习问题是一个机器学习问题，通过算法学习有限样例来总结出待解问题的一般性规律，主要目的是从数据中自动学习到有效的特征表示，使其可以应用到新的未知数据上。比如，可以从一些图集中学习到各个物体及其对应特征之间的规律。这样当有新的图片时，可以利用总结出来的规律，来判断出这张图片中的物体。为了使预测结果表现得更好，需要构建具有一定"深度"的模型，并通过学习算法来让模型自动学习出好的特征表示，从而最终提升模型预测的准确率。所谓"深度"是指中间神经元网络的层次很多，即需要经过多次非线性特征转换。一般来说，典型的深度学习模型是指具有"多隐层"的神经网络，这里的"多隐层"代表有三个以上隐层，深度学习模型通常有八九层甚至更多隐层。隐层多了，非线性特征转换的次数就会变多。这意味着深度学习模型可以自动提取很多复杂的特征。这样就需要一种学习方法可以从数据中学习一个"深度模型"，这就是深度学习。

目前，深度学习主要以神经网络模型为基础，过去在设计复杂模型时会遇到训练效率低、易陷入过拟合的问题，但随着云计算、大数据时代的到来，海量的训练数据配合逐层预训练和误差反向传播微调的方法，让模型训练效率大幅提高，同时降低了过拟合的风险。与传统的机器学习相比，深度学习是一种自动提取特征的学习算法，拥有更高的效率，即可以用"简单模型"完成复杂的分类学习任务。随着深度学习的快速发展，新的深度网络模型也层出不穷，网络深度也在不断增加，这意味着其特征表示的能力也越来越强，从而使其可以实现更加强大的功能。

7.2　人工智能与深度学习

人工智能（Artificial Intelligence，AI）目前有许多被广泛接受的定义，有些定义关注的是思维过程和推理，例如，AI 是与人类思考方式相似的计算机程序。而有些定义关注的是行为，例如，AI 是与人类行为相似的计算机程序。沿着思考和行为两个维度，可以用以下四种方法来定义智能：机器是否能像人一样思考、机器是否可以合理地思考、机器是否能像人一样行动、机器是否可以合理地行动。这四种定义派生出了人工智能四个流派，首先是类人行为派，代表是阿兰·图灵（Alan Turing），他提出了著名的图灵测试："测试者与被测试者（一个人和一台机器）隔开的情况下，测试者通过一些装置（如键盘）向被测试者随意提问。如果在相当长时间内，测试者无法根据这些问题判断被测试者是人还是计算机，那么就可以认为这个计算机是智能的"。所以机器要能够通过图灵测试就需要具备自然语言处理、知识表示、自动推理和机器学习的能力，后来完全图灵测试又增加了机器视觉、机器人技术，上述这些领域构成了人工智能绝大多数的子领域。其次是类人思考派，就是认知模型化方法，比较典型的是通用问题解决器（General Problem Solver，GPS），核心是希望模拟人解决问题的过程。第三个流派是理性思考派，鼻祖是亚里士多德，他期望运用逻辑推理得到最合理的结论，期望通过形式化模型来表达这个世界，借助严格的规则完成推理。但是难以获得非形式化的知识，并且推理步骤复杂，求解困难，这是理性思考派遇到的主要困难。最后就是理性行动派，它融合了理性思考派和类人行为派的优势，可以随着环境的变化不断调节自身行为，是目前人工智能研究的主要方法。

7.2.1　图灵测试问题

从表面上看，要使机器回答按一定范围提出的问题似乎没有什么困难，可以通过编制特殊的程序来实现。但如果提问者并不遵循常规标准，编制回答的程序是极其困难的事情。自从图灵提出了图灵测试以后，它已经成为人工智能哲学中的一个重要概念。

1966 年，Joseph Weizenbaum 创建了一个名为 ELIZA 的程序，该程序使人与计算机在一定程度上进行自然语言对话成为可能。ELIZA 通过关键词匹配规则对输入进行分解，而后根据分解规则所对应的重组规则来生成回复。该程序是一个有针对性的软件，目的就是要让聊天对象将自己误认为是人，这个聊天软件是根据所谓"罗杰斯心理治疗模式"编写的。通过这些技术，许多和 ELIZA 聊过天的人坚信 ELIZA 是一个真实的人，并且愿意与 ELIZA 单独聊天，因此可以说 ELIZA 是一个成功的心理治疗医师。但是 ELIZA 并没有通过图灵测试，因为测试者大多事先都有足够的心理预期，即自己是来辨别聊天对象是人还是机器的，与前来寻求心理治疗的人有根本上的不同。

1980 年，UCBerkley 的哲学教授 John Searle 提出了一个名为"中文屋"的思想实验，来反对图灵所提出的"如果一个计算机程序通过图灵测试即代表其具有智能"的观点。John Searle 认为，编制的程序可以通过操纵它们不理解的符号来通过图灵测试，但如果无法理解这些符号，就不能意味着拥有智能或者心智，因此图灵测试不能证明一台机器可以思考。由此引发了人们对于图灵测试问题的深思。

纽约的慈善家 Hugh Loebner 组织了首次正式的图灵测试，从 1991 年起，每年举办一次这样的竞赛，为图灵测试提供了一个平台。2014 年，一款名为尤金·古斯特曼（Eugene Goostmanz）的聊天机器人，伪装成一个用第二语言沟通的 13 岁乌克兰男孩，成功"骗过"了测试者，通过了图灵测试。不过因为其有诸多限制，事后也有很多质疑。

目前关于该领域有不少相关研究发表，但研究成果往往都比较有争议性。人们普遍认为，人工智能归结在问题求解的能力上，只要机器可以理性地解决问题就可以称为智能。

7.2.2　深度学习带动人工智能发展

人工智能发展之初，就有研究人员希望可以实现机器的自动学习，即机器学习，因此可以说机器学习是人工智能的分支，而深度学习是一种机器学习的方法，因此人工智能、机器学习及深度学习三者之间的关系如图 7.6 所示。

可以说，机器学习是人工智能的核心，是使机器具备智能的根本途径。深度学习是机器学习领域中一个新的研究方向，是指多层次的人工神经网络的建立和使用，需要大数据的支持。因此随着大数据、云计算、互联网、物联网等信息技术的发展，深度学习得到了极大的

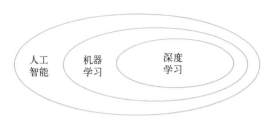

图 7.6　人工智能、机器学习与深度学习的关系

发展，最显著的应用是计算机视觉（CV）和自然语言处理（NLP）领域。目前深度学习已经实现了许多机器学习方面的实际应用和人工智能领域的全面推广。但深度神经网络不是人工智能算法的终点，相信在不久的将来新的机器学习模型将会诞生，让我们离使机器具备智能这个目标更近一步。

7.3　机器学习

通过前两节的内容我们知道，在人工智能发展之初，研究者们就一直试图让机器具有智能。但无论是通过赋予机器逻辑推理能力使机器获得智能，还是通过将人类的知识总结出来教给机器使机器获得智能，机器都是按照研究者们设定的规则和总结的知识运作，并没有获得真正的智能。于是，希望机器可以自主学习的机器学习方法应运而生，人工智能也因此进入"机器学习时期"。

机器学习是一类算法的总称，这些算法希望可以从大量的数据中学习得出最优模型，并利用最优模型对未知的新数据进行预测与分析，这种模型适用于新数据的能力被称为泛化能力，对数据进行学习的目的就是获得泛化能力。更具体地说，机器学习可以看作寻找一个输入数据和输出数据之间的映射函数，只是这个函数一般无法形式化表达。

7.3.1　常见的概念

首先来了解一下机器学习中常见的概念。数据是机器学习的基础，因此先来举例说明数据的相关概念。

假设要收集关于苹果的数据，以便让机器进行归纳学习。收集到的有限数据的合集称为数据集（Data Set），数据集中每个数据子集可称为样本（Sample）或示例（Instance），每个样本中一般包含对象的特征（Feature）信息和标签（Label）信息。例如，苹果的色泽、大小、形状等形容对象表现的事项称为属性（Attribute）或特征，而属性上的取值，例如，黄绿、橙红等称为属性值（Attribute Value）；标签则为预测的结果信息，既可以是离散值也可以是连续值，例如，甜、不甜，或者苹果的水分含量等。

一般将数据集分为两部分，训练集（Training Set）和测试集（Test Set）。训练集中的数据被用来学习模型，即学习关于数据的某种潜在的规律。测试集中的数据用来检验模型的好坏，即评判学习得出的规律与真实规律之间的差异。

通常可以将数据集变换到空间中来表示，其中，属性构成的空间称为属性空间（Attribute Space）或样本空间（Sample Space）。例如，可以把色泽、大小、形状分别作为三维坐标系的三个坐标轴，这样便构成了一个用于描述苹果的三维空间，每个样本（每个苹

果）都可以在该空间中用一个三维坐标来表示，因此每个样本都可以表示成一个特征向量
（Feature Vector）。

前面提到过，标签既可以是连续值也可以是离散值，因此预测的结果也有连续和离散两
种情况，机器学习的主要任务包括分类、回归和聚类等。

分类任务解决数据属于哪一种类的问题，预测的目标是离散值，例如，甜、不甜等。回
归问题是根据输入预测出一个数值，预测的目标是连续值，例如，苹果水分含量 0.85、
0.76 等。当分类任务只涉及两个类别时称为二元分类（Binary Classification）任务，当涉及
多个类别时，则称为多元分类（Multi-class Classification）任务。回归任务就是希望可以找
到输入 x 到输出 y 的映射关系，这一映射关系可以由概率形式 $p(y|x)$ 或者非概率形式 $y=f(x)$
表示。聚类任务则可以根据数据样本上抽取出的特征，让样本抱团，例如，新闻划分、用户
群体划分等。

通常假设样本空间中样本的采集都符合独立同分布（Independent and Identically Distributed），即样本都是从同一个数据分布中通过独立的采样获取的。一般来说，采集到的数据越
多，我们就会得到更多关于数据分布的信息，从而使机器学到的模型更符合真实模型。

7.3.2　经典的机器学习方法

本节将简要介绍一些经典的机器学习方法，如线性回归、逻辑回归、决策树、支持向量
机、朴素贝叶斯等算法，旨在领会其核心思想，不做深入推导。

1. 线性回归

线性回归（Linear Regression）的定义如下：目标值预期是输入变量的线性组合。也可
以说，线性回归是利用数理统计中的回归分析，来确定两种或两种以上变量间相互依赖的定
量关系的一种统计分析方法。线性模型形式简单、易于建模，但却蕴含着机器学习中一些重
要的基本思想，运用十分广泛。简单来说，线性回归就是选择一条线性函数来很好地拟合已
知数据并预测未知数据。

线性回归通常用于预测输入和输出之间的关系，我们通过拟合最佳直线来建立输入和输
出之间的关系，拟合出的最佳直线叫作回归线，可以用 $y=ax+b$ 来表示，其中，x 代表输入，
y 代表输出，求解参数 a、b 的过程即为拟合最佳直线的过程，当找出最佳拟合直线之后，
便可以通过输入数据来预测输出值。例如，一个人的身高和体重有一定的关系，这个关系可
以近似地用上面的等式来表达，如图 7.7 所示。我们找出最佳拟合直线 $y=0.283x+13.9$，这
样就可以在已知身高的情况下通过拟合得到的直线方程式求出体重。线性回归可以分为一元
线性回归和多元线性回归，其中一元线性回归只包含一个自变量，而多元线性回归包含两个
或两个以上的自变量，这样在找最佳拟合线的时候，找到的最佳拟合线为曲线，这些被叫作
多项或曲线回归。

2. 逻辑回归

逻辑回归是一种分类算法，其预测结果是离散的分类，例如，判断一封邮件是否是垃圾
邮件或者一张图片中是否有猫等。如果直接使用线性回归来解决分类问题，会发现线性回归
有时无法做到准确的分类，稳定性较差，因此逻辑回归是在线性回归的基础上增加了一个
Sigmoid 函数，如图 7.8 所示。由图可知，Sigmoid 函数将线性回归的数值结果转化为 0~1 之
间的概率，且输入值越大，函数值越逼近 1，输入值越小，函数值越逼近零。我们可以依据

这个概率做出预测，例如，当概率大于 0.5 时，就判断这张图片中有猫。直观来说，逻辑回归是画出了一条分类线，线的两侧分别代表相对应的类别。

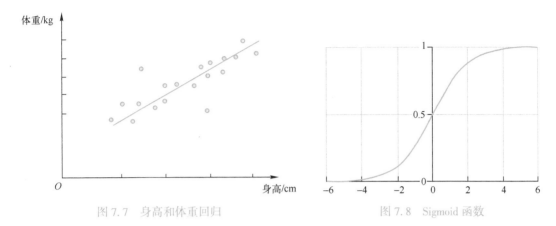

图 7.7   身高和体重回归   图 7.8   Sigmoid 函数

Logistic 回归实际上是使用线性回归模型的预测值逼近分类任务真实标记的对数几率（Log Odds），其中事件的几率是指该事件发生的概率与不发生的概率之比。其优点如下：

1）直接对分类的概率建模，无须实现假设数据分布，从而避免了假设分布不准确带来的问题。

2）不仅可预测出类别，还能得到该预测的概率，这对一些利用概率辅助决策的任务很有用。

3）对数几率函数是任意阶可导的凸函数，有许多数值优化算法可以求出最优解。

$$y = \frac{1}{1 + e^{-(ax+b)}} \tag{7.5}$$

$$\ln \frac{y}{1-y} = ax + b \tag{7.6}$$

假设式（7.5）中的随机变量 y 为标记结果为"1"的可能性，即 $P(y=1|x)$。式（7.6）可以看作标记为"1"时的对数几率是输入 x 的线性回归函数。

3. 决策树

决策树（Decision Tree）是一种十分常用的分类方法，属于有监督学习。决策树模型呈树形结构，在分类问题中，表示基于特征对实例进行分类的过程。决策树由节点和有向边组成。节点有两种类型：内部节点和叶节点，内部节点表示一个特征或属性，叶节点表示一个类。分类的时候，从根节点开始，对实例的某一个特征进行测试，根据测试结果，将实例分配到其子节点，此时，每一个子节点对应着该特征的一个取值。如此递归向下移动，直至到达叶节点，最后将实例分配到叶节点的类中。下面来看一下判断一个苹果甜不甜的决策过程，决策过程如图 7.9 所示。

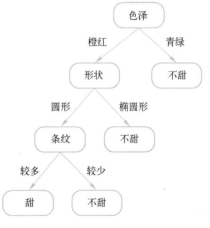

图 7.9   苹果问题的决策树

图 7.9 中完整描述了判断一个苹果甜度的决策过程。一般一棵决策树包含一个根节点、若干个内部节点和若干个叶节点；其中包含样本全集的是根节点，表示判断条件的为内部节点，表示决策结果的为叶节点。箭头表示判断条件在不同情况下的决策路径。

决策树的优点如下：

1）决策树易于理解和实现。人们在学习过程中不需要使用者了解很多的背景知识，能够直接体现数据的特点，通过解释后能理解决策树所表达的意义。

2）对于决策树，在相对短的时间内能够对大型数据源做出可行且效果良好的结果。

3）易于通过静态测试来对模型进行评测，可以测定模型可信度。如果给定一个观察的模型，那么根据所产生的决策树很容易推出相应的逻辑表达式。

同时决策树也有一些缺点，比如：

1）对连续性的字段比较难预测。

2）对有时间顺序的数据，需要很多预处理的工作。

3）当类别太多时，错误可能会增加得比较快。

4）没有考虑变量之间相关性，每次筛选都只考虑一个变量。

4. 支持向量机

支持向量机（Support Vector Machine，SVM）是一类按监督学习方式对数据进行二元分类的广义线性分类器，其决策边界是对学习样本求解的最大边距超平面。

通过在 SVM 的算法框架下修改损失函数和优化问题可以得到其他类型的线性分类器，例如，将 SVM 的损失函数替换为 Logistic 损失函数就得到了接近于 Logistic 回归的优化问题。SVM 和 Logistic 回归是功能相近的分类器，二者的区别在于 Logistic 回归的输出具有概率意义，也容易扩展至多分类问题，而 SVM 的稀疏性和稳定性使其具有良好的泛化能力并在使用核方法时计算量更小。

支持向量机算法从某种意义上来说是逻辑回归算法的强化，即通过给予比逻辑回归算法更严格的优化条件，支持向量机算法可以获得比逻辑回归更好的分类界线。如图 7.10 所示，对于一个二分类问题，我们希望找到一条可以把所有样本分为两类的直线，符合要求的直线有很多，需要从中选出一条最优的直线（如图 7.10 中的加粗直线）。最优直线不仅能将两类样本点正确分类，而且还要使最靠近最优分类直线的两异类样本点到分类直线的距离之和 d 最大。图中实心圆形与实心三角形两样本点是离分类直线最近的样本点，被称为支持向量，这也是支持向量机名字的由来。

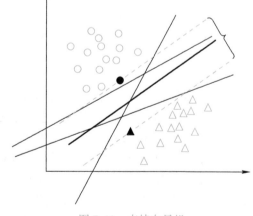

图 7.10　支持向量机

SVM 的优点如下：

1）有严格的数学理论支持，可解释性强，不依靠统计方法，从而简化了通常的分类和回归问题。

2）采用核技巧之后，可以处理非线性分类/回归任务。

3）最终决策函数只由少数的支持向量所确定，计算的复杂性取决于支持向量的数目，而不是样本空间的维数，这在某种意义上避免了"维数灾难"。

7.4　智能视觉感知任务与深度学习

对于许多视觉感知任务而言，很难知道应该提取哪些特征，例如，钢材缺陷检测、汽车检测，车轮易受到阴影、光源照射的影响等。深度学习的目标是分离出能解释观察数据的变差因素（特征），并通过这些较为简单的变差因素来表达更为复杂表示。

以图像识别为例，目前通过传统方法来解决这些问题的思路如图 7.11 所示。具体思路如下：首先通过传感器（如 CMOS）来获得数据，然后通过预处理、特征提取、特征选择，最后实现推理、预测或者识别。

图 7.11　图像识别传统方法

采用传统方法，如 SIFT、HOG、GLOH 等，提取手工选取特征是一种非常费力、启发式的方法，能不能选取好很大程度上靠运气和经验，而且它的调节需要大量的时间。而深度学习则可以通过简单概念构建复杂概念，通过端到端的网络输入到输出，极大地简化了这一过程。因此，采用深度网络模型解决视觉感知任务具有极大的优势。

深度学习能够更好地表示图像特征，同时由于模型的层次、参数很多，模型有能力表示大规模数据。因此，对于图像特征不明显的问题，深度学习能够在大规模训练数据上取得更好的效果。图像特征主要有颜色特征、纹理特征和形状特征等，下面简要进行介绍。

7.4.1　颜色

颜色特征是一种全局特征，描述了图像或图像区域所对应景物的表面性质。一般颜色特征是基于像素点的特征，此时所有属于图像或图像区域的像素都有各自的贡献。由于颜色对图像或图像区域的方向、大小等变化不敏感，所以颜色特征不能很好地捕捉图像中对象的局部特征。另外，仅使用颜色特征查询时，如果数据库很大，常会将许多不需要的图像也检索出来。颜色直方图是最常用的表达颜色特征的方法，其优点是不受图像旋转和平移变化的影响，进一步借助归一化操作还可不受图像尺度变化的影响，其缺点是没有表达出颜色空间分布的信息。颜色特征还可以用颜色集、颜色矩、颜色聚合向量和颜色相关图等方法来表达。

7.4.2　纹理

纹理特征也是一种全局特征，它也描述了图像或图像区域所对应景物的表面性质。但由于纹理只是一种物体表面的特性，并不能完全反映出物体的本质属性，所以仅利用纹理特征是无法获得高层次图像内容的。与颜色特征不同，纹理特征不是基于像素点的特征，它需要在包含多个像素点的区域中进行统计计算。在模式匹配中，这种区域性的特征具有较大的优越性，不会由于局部的偏差而无法匹配成功。作为一种统计特征，纹理特征常具有旋转不变性，并且对于噪声有较强的抵抗能力。但是，纹理特征有一个很明显的缺点，当图像的分辨率发生变化时，所计算出来的纹理可能会有较大偏差。另外，由于有可能受到光照、反射情况的影响，从 2D 图像中反映出来的纹理不一定是 3D 物体表面真实的纹理。纹理特征可以用统计方法、几何方法、模型法和信号处理法等方法来表达。

7.4.3 形状

各种基于形状特征的检索方法都可以比较有效地利用图像中感兴趣的目标来进行检索，但它们也有一些共同的问题：

1）目前基于形状的检索方法还缺乏比较完善的数学模型。

2）如果目标有变形时检索结果往往不太可靠。

3）许多形状特征仅描述了目标局部的性质，若要全面地描述目标则对计算时间和存储量有较高的要求。

4）许多形状特征所反映的目标形状信息与人的直观感觉不完全一致，或者说，特征空间的相似性与人的视觉系统主观感受到的相似性有差别。

另外，从 2D 图像中表现的 3D 物体实际上只是物体在空间某一平面的投影，从 2D 图像中反映出来的形状通常不是 3D 物体真实的形状，由于视点的变化，可能会产生各种失真。通常情况下，形状特征有两类表示方法，一类是轮廓特征，另一类是区域特征。图像的轮廓特征主要针对物体的外边界，而图像的区域特征则关系到整个形状区域。边界特征法、傅里叶形状描述符法、几何参数法和形状不变矩法都是用来表达形状特征的经典方法。

7.5 深度学习基本原理

在 7.1 节中已经介绍过神经网络的基本结构，本节将在此基础上介绍深度学习的基本原理。

7.5.1 基本原理

通过前面的介绍我们了解到，深度学习采用的模型主要是神经网络模型，为了完成从输入到输出之间的映射变换，深度神经网络通过对数据集中的样本进行学习，再经过一系列数据变换来实现这种输入到目标的映射，下面简单介绍这种学习过程。

深度神经网络中包含多个隐层，其中每层实现的特征变换由该层的权重值来决定，权重也被称为该层的参数。因此学习的过程也就是为神经网络的每一层找到一组权重值的过程，使得该网络能够将输入准确映射到目标值。但一个深度神经网络所包含的参数数量是巨大的，找到所有参数的正确取值可能是一项非常艰巨的任务。深度学习中误差反向传播算法（Error Back Propagation，BP）可以比较好地解决求解权值问题。

调节权值的主要目的是最小化累计误差，如图 7.12 所示，BP 算法的基本思想是根据神经网络的输出值与期望的输出值之间的误差，基于梯度下降算法，从输出层开始逐层修正神经元的权值。一开始对神经网络的权重值进行随机赋值，初始网络只是实现了一系列随机变换，因此网络的预测值与真实目标值之间有很大的差距，相应的损失值也很高。但随着网络对越来越多的样本进行学习，权重值也在向正确的方向逐步微调，损失值也逐渐降低。通常在对足够多的样本进行足够多次的迭代学习后，得到的权重值可以使损失函数达到最小。

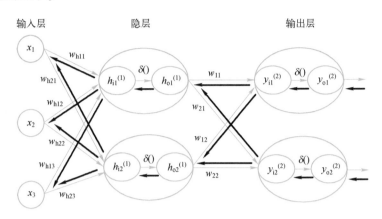

图 7.12　误差反向传播算法示意图

图 7.12 中，x 表示输入值；w_{hij} 表示输入层与隐层的权值；h_i 和 h_o 分别表示隐层的输入和输出，其输入为各输入值 x（x_1, x_2, x_3）的加权之和；$\delta(\ )$ 表示激活函数；w_{ij} 表示隐层和输出层的权值；y_i 和 y_o 分别表示输出层的输入和输出，其输入值为隐层各输出值的加权之和。带箭头黑色细线为正向传播路径，带箭头黑色加粗线为逆向传播路径。

7.5.2　深度学习和神经网络的区别和联系

通过前面几节的介绍，我们知道神经网络与深度学习并不等价，神经网络只是深度学习可以采用的众多模型中的一种模型。但是，由于神经网络模型可以使用误差反向传播算法，从而可以比较好地解决求解权值问题，因此神经网络模型成为深度学习中主要采用的模型。也可以说，深度学习是神经网络的进阶版，它的基本思路与神经网络类似，但往往比神经网络有着更复杂的结构以及优化算法，是神经网络的纵向延伸。传统意义上的多层神经网络是只有输入层、隐层和输出层，通过人工挑选特征进而映射到输出值；而深度学习中著名的卷积神经网络，在原来多层神经网络的基础上，加入了特征学习部分，即在原来的全连接层前面加入了部分连接的卷积层与池化层，特征值由网络自己选择，可以实现从输入直接映射到输出。

总结来说，深度学习是神经网络的进阶版，只是在模型结构及优化算法等方面有所不同，因此，深度学习的网络结构应包含于神经网络内。

7.6　深度学习常见模型

本节简要介绍深度学习中常见的几种模型结构，如深度卷积神经网络、深度置信网络、卷积玻尔兹曼机和自编码器。

7.6.1 深度卷积神经网络

卷积神经网络（Convolutional Neural Networks, CNN）是一类包含卷积计算且具有深度结构的前馈神经网络，其在大型图像处理方面有出色的表现，目前已经被大范围使用到图像分类、目标检测等领域中。相比于其他神经网络结构，卷积神经网络需要的参数相对较少，因此至今被广泛应用。基本的卷积神经网络的结构如图 7.13 所示。从图中可知卷积神经网络主要是由输入层、卷积层、池化层、全连接层和输出层组成，下面分别对以上各个组成部分进行简要介绍。

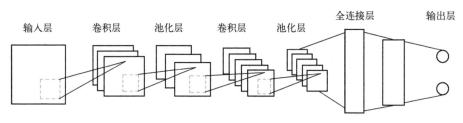

图 7.13　基本的卷积神经网络

输入层：深度卷积网络可直接将图片作为网络的输入，输入的数据通常是图像的像素值。为了获得更好的效果，常需将图片进行预处理。此外，在样本不足的情况下需要进行样本增强处理，包括旋转、平移、剪切、增加噪声和颜色变换等，以满足对样本的多样性需求。

卷积层（Convolution Layer）：卷积层的功能是对输入数据进行特征提取，其内部包含多个卷积核，不同的卷积核相当于不同的特征提取器，这些核与图像的一小部分区域相关，称为感受野。它将图像划分成不同的感受野并将其与一组特定的权重进行卷积，通过在整个图像上按一定步幅滑动卷积核来提取图像中的不同特征，将卷积的结果通过一个激活函数得到输入图像的特征图。卷积层由许多个特征图构成，每个特征图上的所有神经元共享一个卷积核参数。与全连接网络相比，卷积运算的这种权重共享功能使卷积神经网络的参数更有效。局部感知和权值共享是卷积神经网络的核心思想，通过局部连接的方式大幅减少参数个数，从而提高运算的速度和精度。

池化层：卷积运算提取到图像的特征后，使用某一位置的邻域总体特征来代替该位置的输出特征，这样可以有效地减少由上一层的结果作为输入而带来的数据量。最常用的池化方式有最大（Max）池化和平均（Average）池化。其中平均池化是将邻域内元素的平均值作为输出，而最大池化是把邻域内元素最大值作为输出。在图像识别领域主要用到的是最大池化。

全连接层：全连接层通常在网络末端用于分类任务。与池化和卷积不同，它是全局操作。它从前一层获取输入，并全局分析所有前一层的输出。将选定特征进行非线性组合，用于数据分类。

输出层：输出层是整个网络的最后一层，负责生成最终的预测结果。根据具体的任务，输出层的结构和功能有所不同。①对于图像分类任务，输出层通常是一个全连接层，接着是一个 Softmax 激活函数。全连接层的神经元数目等于分类的类别数，Softmax 函数将输出转化为概率分布，表示输入图像属于每个类别的概率。②在回归任务中，输出层通常由一个或多个全连接的神经元组成，用于预测连续值。这种情况下，输出层通常不采用激活函数，或者使用线性激活函数，以确保输出能够涵盖所有可能的数值范围。③对于目标检测任务，输出层较为复杂，通常包括多个分支，用于预测边界框的位置和类别概率。④在语义分割任务中，输出层通常是一个卷积层，使用 Softmax 或 Sigmoid 激活函数。输出层的每个通道对应一个类别，输出的尺寸与输入图像相同，每个像素点的值表示该像素属于某个类别的概率。

7.6.2　深度置信网络

深度置信网络（Deep Belief Networks，DBN）是一个概率生成模型，由有限个受限玻尔兹曼机（Restricted Boltzmann Machine，RBM）堆叠而成。图 7.14 为一个拥有 3 层隐层结构的 DBN，网络一共由 3 个 RBM 单元堆叠而成，其中 RBM 一共有两层，上层为隐层，下层为显层。堆叠成深度神经网络（Deep Neural Network，DNN）时，前一个 RBM 单元的输出层（隐层）作为下一个 RBM 单元的输入层（显层），依次堆叠，便构成了基本的 DBN 结构，最后添加一层输出层，就是最终的 DBN-DNN 结构。通过 RBM 的依次堆叠，可以从原始输入数据中提取到高层次的特征。

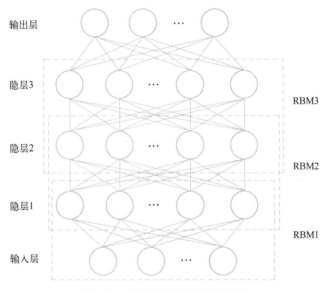

图 7.14　深度置信神经网络结构

受限玻尔兹曼机（RBM）是包含一层可见神经元和一层隐藏神经元的无向概率图模型。在隐层和可见层神经元之间全连接，可见层内部神经元之间以及隐层内部神经元之间没有连接。并且，隐层神经元通常以二值形式表示并服从伯努利分布，可见层神经元可以根据输入的类型取二值或者实数值。

基于 RBM 可以构建两种模型：深度置信网络（DBN）和深度玻尔兹曼机（Deep Boltzmann Machine，DBM），如图 7.15 所示。其中 DBN 是一种有向

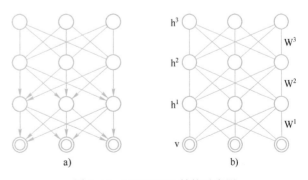

图 7.15　DBN&DBM 结构示意图
a）DBN　b）DBM

图，DBM 是无向图。DBN 模型顶部两层之间是无向连接，其他层之间的连接是有向连接。而在 DBM 模型中，某层的分布由上下两层共同决定，是双向的。如果从效果来看，DBM 结构会比 DBN 结构具有更好的鲁棒性，但是其求解的复杂度太大，需要将所有的层一起训练，不利于应用，反观 DBN 结构，如果借用 RBM 逐层预训练的方法，效率会大大提高，因此应用较为广泛。

7.6.3 卷积玻尔兹曼机

用受限玻尔兹曼机（RBM）处理实际的图像时依然面临着很大的挑战。首先图像是高维的，算法要能够合理地建模，且要求计算简便；其次有用对象常分布在图像的局部，要求特征表示对输入的局部变换具有不变性。为了解决这些问题，HonglakLee 等人引入了一种卷积受限玻尔兹曼机（Convolutional Restricted Boltzmann Machine，CRBM）模型。CRBM 是一种将 CNN 模型与 RBM 模型相结合的具有平移不变性的层次化生成模型，支持自顶向下和自底向上的概率推理，并且采用概率最大池化进行降维和正则化操作，概率最大池化背后的策略是约束检测器单元，检测层的响应即为输入的图像数据经卷积操作后得到的特征图，检测层被分为若干个检测单元，每个检测单元对应池化层中的一个二进制单元，当且仅当只有一个检测单元处于激活状态时，池化单元打开。CRBM 模型的设计不仅考虑了图像的二维结构，而且有效地使用卷积核，因而在图像处理方面具有更加优秀的性能。

由前面几节的介绍可知，卷积神经网络可以用来解决由于超高维度输入（如图像）而导致的参数较多问题，通过使用卷积核卷积替换矩阵乘法可以有效解决输入数据量较大的问题。将卷积的方法应用于受限玻尔兹曼机（RBM）时，便可以得到卷积玻尔兹曼机。Desjardins 和 Bengio（2008 年）表明将卷积的方法应用于 RBM 时效果很好。CRBM 在结构上与 RBM 相似，只有两层结构，即输入层和隐层，该模型仍然是生成模型。与 RBM 不同的是，CRBM 的输入层是一幅图像，模型增加了局部感受野和权值共享的特点，即隐层和输入层是局部连接，权重在图像的任何位置是共享的。

7.6.4 自编码器

自编码器（Autoencoder）是神经网络的一种，基本结构如图 7.16 所示。它可以学习到输入数据 (X_1, X_2, X_3) 的隐含特征，称为编码（Coding），用学习到的新特征重构出原始输出数据 (x_1, x_2, x_3)，称为解码（Decoding）。因此也可以说自编码器是一种数据的压缩算法，其中数据的压缩和解压缩函数是数据相关的、有损的、从样本中自动

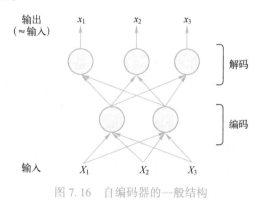

图 7.16　自编码器的一般结构

学习的。除了进行数据压缩，由于神经网络模型可以提取更有效的新特征，自编码器学习到的新特征可以送入有监督学习模型中，所以自编码器还可以起到特征提取器的作用。在无监督学习模型中，自编码器还可以用于生成与训练样本不同的新数据，这样自编码器就是生成式模型。

常见的自编码器有欠完备自编码器、正则自编码器、去噪自编码器和收缩自编码器等。其中编码维度小于输入维度的自编码器称为欠完备（Undercomplete）自编码器，学习欠完备的表示将强制自编码器捕捉训练数据中最显著的特征。正则自编码器使用的损失函数可以鼓励模型学习其他特性，而不必限制使用浅层的编码器和解码器以及低的编码维数来限制模型的容量，这样即使模型容量较大，非线性且过完备的正则自编码器仍然能够从数据中学到一些关于数据分布的有用信息。去噪自编码器（Denoising Autoencoder，DAE）是一类接受损坏数据作为输入，并通过训练来预测原始未被损坏数据作为输出的自编码器。收缩自编码器（Contractive Autoencoder，CAE）是一种正则自编码器。它在编码的基础上添加了显示的正则项，鼓励编码函数的导数尽可能小，CAE 的目标是学习数据的流形结构。

总结来说，自编码器具有一般意义上表征学习算法的功能，目前已成功应用于降维和信息检索任务。包含卷积层构筑的自编码器可被应用于计算机视觉问题，包括图像降噪、神经风格迁移等。

7.7　深度学习开发框架与视觉应用

7.7.1　深度学习开发框架

在深度学习初始阶段，为了提高工作效率，研究者将代码集成为一个框架从而避免大量重复代码的书写。随着不同框架的涌现，较为好用的几个框架开始流行。目前，全世界较为流行的深度学习框架有 Caffe、Tensorflow、Theano、MXNet、Torch 和 PyTorch 等，而且深度学习流行框架还在不断更新中。

深度学习框架是一种界面、库或工具，它使我们在无须深入了解底层算法的细节的情况下，能够更容易、更快速地构建深度学习模型。深度学习框架利用预先构建和优化好的组件集合定义模型，为模型的实现提供了一种清晰而简洁的方法。一个良好的深度学习框架具备以下关键特征：优化的性能、易于理解和编码、良好的社区支持、并行化的进程以及自动计算梯度等。

例如，Caffe 是一个高效的深度学习框架，它源自于加州大学伯克利分校，由 C++开发。Caffe 可以被用于图像分类、目标识别、图像分割等领域，同样也可用于处理非图像数据的分类、回归问题。而 TensorFlow 是谷歌公司研发的第二代人工智能学习系统，被用于语音识别、图像识别等多个领域。TensorFlow 使用灵活，不仅支持 CNN、RNN 和 LSTM 等深度学习算法，还支持针对一般机器学习算法的搭建。TensorFlow 支持分布式计算，可以同时在多 GPU 上进行训练，并能够在不同平台上自动运行模型，具备较高性能。

7.7.2　深度学习视觉应用

近年来，深度学习在计算机视觉领域发展得十分迅速，如医学影像识别、人脸识别等方面。随着其研究成果的不断突破，深度学习实际应用也越来越广泛，受到了各国相关研究领域人员的重视。

在医学影像识别方面，基于深度学习的胸部放射线计算机辅助诊断发挥了其优势。胸部放射线图像分析技术是一种经济且易于使用的医学成像诊断技术。该技术是医学实践中最常用的诊断工具，在肺部疾病的诊断中具有重要作用。受过良好训练的放射科医生可以使用胸部 X 射线图像自动化识别来检测疾病，例如，肺炎、肺结核、间质性肺病和早期肺癌等。

此外，使用卷积神经网络（CNN）训练分析皮肤科图像鉴定特异性黑色素瘤，即使当临床医生掌握了有关患者的背景信息时，CNN 的表现也比皮肤科医生高出近 7%。西奈山伊坎医学院的研究人员开发出了一种深度神经网络模型，该模型能够诊断重要的神经系统疾病，例如，中风和脑出血，其速度是人类放射科医生的 150 倍。

人脸识别是基于人的脸部特征信息进行身份识别的一种生物识别技术，主要采用摄像机采集含有人脸的图像或视频流，并自动在图像中检测和跟踪人脸，进而对检测到的人脸进行脸部识别。人脸识别技术对公共安全领域产生了重大影响，在公交车站、火车站、酒店等人员经常出入的场所出入口安装人脸识别摄像机，对出入人员抓拍人脸识别查证，将抓拍人员图片或识别结果上传至公安网络，可为公安人员提供可靠的人员身份信息。还可以快速高效地在需要的特定区域、特定时间对嫌疑人进行精确搜索，确认目标轨迹，并能将目标人像数据作为布控对象进行指定区域实时监控，一旦目标人出现，系统自动识别报警。

7.8 本章小结

本章介绍了目前人工智能领域最为流行的深度学习技术；深入解析了深度神经网络的原理、结构，以及与传统机器学习技术的联系与区别；涵盖了卷积神经网络（CNN）、循环神经网络（RNN）等深度学习模型。深度学习技术持续演进，包括自监督学习、迁移学习、元学习等不断涌现的方法，为各个领域提供更强大的模型和算法支持。

习题

1. 人工神经网络的学习方式有哪些？其各自特点是什么？
2. 什么是图灵测试？
3. 典型的机器学习方法有哪些？
4. 深度学习的基本原理是什么？
5. 常见的深度学习模型有哪些？其各自特点是什么？
6. 深度卷积神经网络的原理是什么？
7. 典型的深度学习开发框架有哪些？
8. 深度学习在智能视觉感知的应用有哪些？

第 8 章　视觉 SLAM

SLAM（Simultaneous Localization and Mapping）技术即同时定位与地图构建技术，一般可以分为激光 SLAM 技术和视觉 SLAM 技术。近年来，由于视觉传感器能够获得更加丰富的环境信息，体积小且价格低廉，基于视觉的 SLAM 技术逐渐受到关注。

SLAM 技术解决的主要是"定位"与"地图构建"两个问题。本章将围绕这两个问题对 SLAM 技术所涉及的数学基础知识、主要模块的工作原理以及目前经典的 SLAM 框架进行介绍。

8.1　ROS 操作系统

8.1.1　ROS 的概念

随着机器人领域的快速发展和复杂化，代码复用和模块化的需求日益强烈，已有的开源系统已不能很好地适应需求，于是在 2010 年 Willow Garage 公司发布了开源机器人操作系统（Robot Operating System，ROS）。ROS 是一个机器人软件平台，能为异质计算机集群提供类似操作系统的功能。ROS 与传统的操作系统 Windows、Linux 以及 Android 是不同的，它更像是一个基于操作系统之上的软件包。ROS 提供一些标准操作系统服务，例如，硬件抽象、底层设备控制、常用功能实现、进程间消息以及数据包管理。此外，ROS 还提供相关工具和库，用于获取、编译、编辑代码以及在多个计算机之间运行程序完成分布式计算。

8.1.2　ROS 特点

ROS 主要有以下三大特点：

1）点对点设计。ROS 采用点对点的设计，各个进程之间相互独立，它们存在于多个不同的主机并且在运行过程中通过端对端的拓扑结构进行联系，这样能够提高运行效率，并且便于对各个模块进行修改。

2）多语言支持。现如今编程语言越来越多，为了便于不同的用户使用，ROS 支持多种编程语言。C++和 Python 已经在 ROS 中实现编译，是目前使用最多的 ROS 开发语言。同时也支持 C#和 Java 等语言。

3）免费开源。ROS 的所有源代码均是公开的，并且 ROS 还有专门的社区 ROS WIKI（http：//wiki. ros. org）。该网站不仅能够下载 ROS 安装包，而且还能搜索到有关 ROS 各种问题的解决方法以及功能包等，这为用户学习 ROS 提供了极大的方便。同时 ROS 以分布式的关系遵循 BSD 许可，即允许各种商业和非商业的工程进行开发，这也促进了 ROS 的发展。

8.1.3 ROS 版本选择

ROS1.0 版本发布于 2010 年, 经过多年的版本迭代 (图 8.1), 目前已经发布到了 Noetic 版本。

图 8.1 ROS 各版本命名方式

不同的 ROS 版本中, 开发环境最稳定的为 Ubuntu 版本, 表 8.1 列出了近几年使用的 ROS 版本以及对应的 Ubuntu 版本。

表 8.1 不同 ROS 版本首选的 Ubuntu 版本

ROS 版本	Ubuntu 版本
Lunar	Ubuntu 17.04
Kinetic (建议选用)	Ubuntu 16.04
Jade	Ubuntu 15.04
Indigo	Ubuntu 14.04

8.2 经典视觉 SLAM 框架

8.2.1 SLAM 的概念和分类

SLAM 一般指搭载特定传感器的主体, 在没有环境先验信息的情况下, 在运动过程中能够建立环境模型, 并能够同时估计自身运动。SLAM 问题可以描述如下: 机器人在未知环境中从一个未知位置开始移动, 在移动过程中根据位置估计和地图进行自身定位, 同时在此基础上建造增量式地图, 从而实现机器人的自主定位和导航。

SLAM 技术应用广泛, 大疆无人机的研发就采用了 SLAM 相关技术。无人机上搭载的视觉传感器、红外传感器以及 GPS（Global Positioning System）定位系统可以让无人机实时获取图像信息、深度信息以及定位信息。无人驾驶领域也用到了 SLAM 技术。国内清华大学与百度公司合作推出了 Apollo 无人驾驶汽车，并开放了自动驾驶平台。无人驾驶汽车通过车载传感器来感知车辆周围环境，并根据感知所获得的道路、车辆位置和障碍物信息来同时进行定位和地图构建，从而使车辆能够安全、可靠地在道路上行驶。

基于视觉的 SLAM 方法按照传感器工作方式的不同可以分为单目 SLAM、双目 SLAM 和 RGBD-SLAM。

单目 SLAM 顾名思义使用的是单目相机获取图像信息和位置变换信息，其在日常生活中随处可见。但是单目相机在 SLAM 技术领域却有无法避免的缺点，主要在于单目相机拍摄得到的图像实际上是三维世界中的物体在二维平面上的投影，这导致从拍摄得到的平面图像中，无法得知图像中物体与相机之间的距离，即深度信息无法直接获取。因此，单目相机是通过移动相机并形成上下帧的视差从而获取深度信息的。SLAM 技术中前端的关键就在于即时定位，而单目 SLAM 显然并不能很好地实现这一点。另外，单目相机无法确定物体的真实尺度，如图 8.2 所示，通过图片是无法判断手掌上人的尺度的。

图 8.2　单目相机拍摄得到的图片

双目 SLAM 技术顾名思义采用的是双目相机，相机的焦距、光圈中心点坐标位置、成像平面坐标和基线长度均已知，可以通过计算来获得每一幅图像的深度信息。但是双目相机存在的问题主要在于：双目相机在计算每个像素点的深度时计算量非常大；双目相机的测量范围与基线有关，基线距离越大，测得的距离就越远，这使得有些应用中，双目相机体积会很大，从而限制了应用。

RGBD-SLAM 技术现如今应用较广。如前所述，它主要通过红外结构光或者 Time-of-Flight 向物体发射光线并接收返回的光图案来测量物体与相机之间的距离。RGBD 相机克服了单目相机无法直接获得深度信息以及双目相机计算量大的缺点，但是 RGBD 相机也存在一些缺点，如易受光照干扰、测量范围较小等。

8.2.2　视觉 SLAM 框架

视觉 SLAM 整体由四个模块组成：前端视觉里程计、后端非线性优化、回环检测以及建图，其流程如图 8.3 所示。

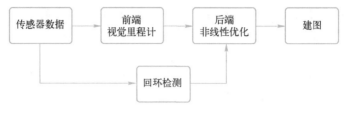

图 8.3　视觉 SLAM 流程图

（1）传感器数据处理

在视觉 SLAM 中传感器数据处理主要为相机图像信息的读取和预处理。如果在机器人中，还可能有码盘、惯性传感器等信息的读取和同步。

（2）前端视觉里程计

视觉里程计是一个仅利用单个或多个相机的输入信息来估计智能体的运动过程。视觉里程计通过获取相邻两帧视图之间的 R、T 变换关系，将获取得到的多个 R、T 进行迭代优化。

相比传统的里程计技术，视觉里程计更具优势。它只利用相机完成，无须场景和运动的先验信息；同时视觉里程计的成本较低，能够在水下和空中等 GPS 失效的环境中工作，其局部漂移率小于轮速传感器和低精度的惯性测量单元（Inertial Measurement Unit，IMU）；视觉里程计所获得的数据能够很方便地与其他基于视觉的算法融合，省去了传感器之间的标定。

视觉里程计的实现过程如下：

1）输入图像序列。

2）特征检测与特征匹配。对于获取的每一帧的新图像，首先要检测一些显著性强、重复性高的图像特征用于位姿估计。然后在相邻两帧图像之间进行特征匹配。特征匹配是视觉 SLAM 中极为关键的一步，其解决了 SLAM 中的数据关联问题，即确定当前看到的路标与之前看到的路标之间的对应关系，可为后期的位姿估计与优化等操作减轻大量负担。

3）帧间位姿估计。首先排除特征点中不符合数学模型的异常数据，从而减少对位姿估计的影响。然后根据剩余下来的特征点计算相邻两帧之间相机的相对运动。

（3）后端非线性优化

后端接收不同时刻视觉里程计测量的相机位姿，以及回环检测的信息，对它们进行优化，得到全局一致的轨迹和地图。在实际环境中，即使是精确的传感器也会带有一定噪声，这些噪声会直接影响位姿估计的结果。后端非线性优化主要解决的是从带有噪声的数据中估计整个系统的状态，以及这个状态估计的不确定性有多大。这里的状态包括机器人自身的轨迹，也包含地图。

（4）回环检测

回环检测用于判断机器人是否曾经到达过先前的位置。如果检测到回环，它会把信息提供给后端进行处理。由于前端视觉里程计在进行位姿估计时，不可避免地会出现误差，这些误差会随着时间进行累计，从而造成机器人无法得知自己是否回到检测的起始点。通常采用判断图像间的相似性，来完成回环检测。

（5）建图

SLAM 技术是一种底层技术，主要为上层应用提供信息。在增强现实设备中，可以利用 SLAM 技术将虚拟物体叠加在现实物体中。在视觉 SLAM 中，"建图"是服务于"定位"的。但是在应用层面来看，"建图"还有许多其他应用，比如定位、导航、避障、重建和交互。

8.3　三维空间刚体运动

8.3.1　旋转矩阵和旋转向量

现实世界是三维的，因此我们对于三维世界是最熟悉的。如果要描述三维世界中的一个刚体，一定要明确物体的位姿，即位置和姿态。

假如选取世界坐标系作为参考系，并选取机器人上的相机作为一个移动坐标系。相机坐标系会随着机器人的移动以及自身的旋转发生变化，因此可以通过相机坐标系相对于世界参考系的变化来描述机器人的位姿。位置变化可通过位置向量来描述，姿态变化可通过旋转矩阵来描述。

位置描述并不注重描述对象本身的形态变化，因此可以将其视为三维空间中的一个点。位置描述首先要选取坐标系，假如在三维空间中选取坐标系 A，这样就能用 3×1 的位置向量对坐标系 A 中的任何点进行定位。对于坐标系 A 下 P 点的位置，可以用一个向量表示为

$$P=\begin{bmatrix}p_x\\p_y\\p_z\end{bmatrix}\tag{8.1}$$

若用一组单位正交基 (e_x,e_y,e_z) 来表示该向量，则可以写为

$$P=[e_x,e_y,e_z]\begin{bmatrix}p_x\\p_y\\p_z\end{bmatrix}=p_xe_x+p_ye_y+p_ze_z\tag{8.2}$$

其中，$[p_x,p_y,p_z]^T$ 为向量 P 在坐标系 A 下的坐标。

姿态描述更加注重描述对象本身是否发生了变化。例如，相机的坐标系会随着相机自身的旋转发生变化。如图 8.4 所示，假设选取 A 坐标系与 B 坐标系分别作为相机旋转前后的坐标系，并且两个坐标系的单位正交基分别选取为 $[e_x,e_y,e_z]$ 和 $[e_x',e_y',e_z']$，向量 v（该向量并没有随着坐标系的旋转而发生运动）在两坐标系下的坐标分别为 $[v_1,v_2,v_3]^T$ 和 $[v_1',v_2',v_3']^T$，则向量 v 可以表示为如下两种形式：

$$v=[e_x,e_y,e_z]\begin{bmatrix}v_1\\v_2\\v_3\end{bmatrix}\tag{8.3}$$

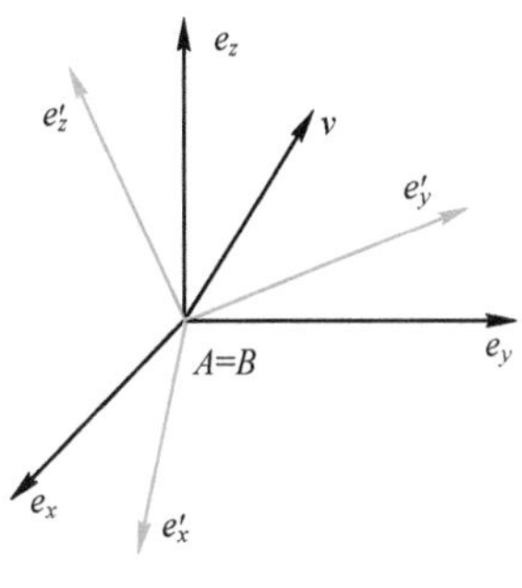

图 8.4　坐标系旋转

143

$$v = \left[\, e'_x, e'_y, e'_z \,\right] \begin{bmatrix} v'_1 \\ v'_2 \\ v'_3 \end{bmatrix} \tag{8.4}$$

可得到如下等式：

$$\left[\, e_x, e_y, e_z \,\right] \begin{bmatrix} v_1 \\ v_2 \\ v_3 \end{bmatrix} = \left[\, e'_x, e'_y, e'_z \,\right] \begin{bmatrix} v'_1 \\ v'_2 \\ v'_3 \end{bmatrix} \tag{8.5}$$

由于 $\left[\, e_x, e_y, e_z \,\right]$ 为正交单位矩阵，则将等式两端分别左乘 $\left[\, e_x, e_y, e_z \,\right]^{\mathrm{T}}$，可得到

$$\begin{bmatrix} v_1 \\ v_2 \\ v_3 \end{bmatrix} = \begin{bmatrix} e_x^{\mathrm{T}} \\ e_y^{\mathrm{T}} \\ e_z^{\mathrm{T}} \end{bmatrix} \left[\, e'_x, e'_y, e'_z \,\right] \begin{bmatrix} v'_1 \\ v'_2 \\ v'_3 \end{bmatrix} = \begin{bmatrix} e_x^{\mathrm{T}} e'_x & e_x^{\mathrm{T}} e'_y & e_x^{\mathrm{T}} e'_z \\ e_y^{\mathrm{T}} e'_x & e_y^{\mathrm{T}} e'_y & e_y^{\mathrm{T}} e'_z \\ e_z^{\mathrm{T}} e'_x & e_z^{\mathrm{T}} e'_y & e_z^{\mathrm{T}} e'_z \end{bmatrix} \begin{bmatrix} v'_1 \\ v'_2 \\ v'_3 \end{bmatrix} = R \begin{bmatrix} v'_1 \\ v'_2 \\ v'_3 \end{bmatrix} \tag{8.6}$$

称式（8.6）中的 R 为旋转矩阵。事实上，旋转矩阵是一个行列式为 1 的正交矩阵；反之，行列式为 1 的正交矩阵也是一个旋转矩阵。

在机器人学中，位置描述和姿态描述经常是成对出现的。例如，在世界坐标系下的向量 v，经过一次旋转和一次平移后得到 v'，姿态与位置均发生了变化，那么将旋转和平移结合在一起，得到

$$v' = Rv + t \tag{8.7}$$

由式（8.7）引入一个新的概念形式：

$$v' = Tv \tag{8.8}$$

可将式（8.8）展开为如下形式：

$$\begin{bmatrix} v' \\ 1 \end{bmatrix} = \begin{bmatrix} R & t \\ \mathbf{0}^{\mathrm{T}} & 1 \end{bmatrix} \begin{bmatrix} v \\ 1 \end{bmatrix} \tag{8.9}$$

由式（8.9）可以看出，在三维向量的末尾添加 1，变成了四维向量，称之为齐次坐标。在这里 T 被称为变换矩阵，它完全可以被看作用一个简单的矩阵形式表示一般变换的旋转和平移。

上述的向量为只有一次位姿变换的特殊情况，在一般情况下，向量可能进行连续的位姿变换，那该怎样表示呢？例如，式（8.7）中的向量 v 连续进行两次变换：R_1、t_1 和 R_2、t_2，则满足：

$$\begin{aligned} m &= R_1 v + t_1 = T_1 v \\ n &= R_2 m + t_2 = T_2 m \end{aligned} \tag{8.10}$$

从 v 到 n 的两次变换累加可以写为

$$\begin{aligned} n &= R_2 m + t_2 \\ &= T_2 T_1 v \end{aligned} \tag{8.11}$$

从式（8.11）可以看出，当向量经过多次变换，可以将变换矩阵依次左乘得到最终变换后的向量的齐次坐标。

为了不引起歧义，当写 Rv 时默认使用的是非齐次坐标，而写 Tv 时默认使用的是齐次坐标。

旋转矩阵有 9 个元素，这 9 个元素并不是线性独立的，使用这 9 个元素来表示旋转的三个自由度，这样显得非常冗余，并且由于旋转矩阵是行列式为 1 的正交矩阵，在这个条件限制下，求解旋转矩阵会变得十分复杂。因此，除了旋转矩阵，还可以使用一个三维向量来表示旋转。向量的方向与旋转轴一致，向量的长度等于旋转角，称这个向量为旋转向量。旋转矩阵与旋转向量之间能够互相转换。

由旋转向量转换成旋转矩阵可以使用罗德里格斯（Rodrigues）公式。由于公式推导过程复杂，这里只给出最后的转换结果。假设旋转轴为 $r = [r_x, r_y, r_z]^T$，旋转角为 θ，则

$$\boldsymbol{R} = \cos\theta \boldsymbol{I} + (1-\cos\theta)\boldsymbol{r}\boldsymbol{r}^T + \sin\theta \begin{bmatrix} 0 & -r_z & r_y \\ r_z & 0 & -r_x \\ -r_y & r_x & 0 \end{bmatrix} \tag{8.12}$$

由旋转矩阵转换成旋转向量，需分别计算出旋转角 θ 和旋转轴 r。对于旋转角 θ，对式（8.12）两边同时进行迹运算，得到

$$\begin{aligned}
\mathrm{tr}(\boldsymbol{R}) &= \cos\theta\,\mathrm{tr}(\boldsymbol{I}) + (1-\cos\theta)\,\mathrm{tr}(\boldsymbol{r}\boldsymbol{r}^T) + \sin\theta\,\mathrm{tr}\left(\begin{bmatrix} 0 & -r_z & r_y \\ r_z & 0 & -r_x \\ -r_y & r_x & 0 \end{bmatrix}\right) \\
&= 3\cos\theta + (1-\cos\theta) \\
&= 1 + 2\cos\theta
\end{aligned} \tag{8.13}$$

通过化简可得到旋转角 θ：

$$\theta = \arccos\left(\frac{\mathrm{tr}(\boldsymbol{R})-1}{2}\right) \tag{8.14}$$

对于旋转轴 r，根据旋转轴上的向量旋转前后并不发生变化可得

$$\boldsymbol{R}\boldsymbol{r} = \boldsymbol{r} \tag{8.15}$$

可将 r 看作式（8.15）中矩阵 $\boldsymbol{R}$ 的特征值为 1 时对应的特征向量。求解此方程，再归一化，即可得到旋转轴。

8.3.2　欧拉角

除了旋转矩阵与旋转向量，还能使用欧拉角来更加直观地描述姿态变化。欧拉角使用三个分离的转角，把一个旋转分解成三次绕不同轴的旋转。例如，上面所描述的相机旋转的例子，在这里可以先绕固定坐标系 A 的 Z 轴旋转，然后绕旋转之后的 Y 轴旋转，最后绕旋转之后的 X 轴旋转，称之为 Z-Y-X 欧拉角。图 8.5 给出了上述旋转过程以及旋转结果，图中虚线为旋转前的坐标轴，实线为旋转后的坐标轴。

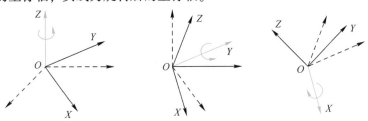

图 8.5　Z-Y-X 欧拉角

同理，也可以定义 Z-Y-Z 欧拉角、X-Y-Z 欧拉角等。将三个轴上的转角定义如下：

1）绕物体的 Z 轴旋转，得到偏航角 yaw。

2）绕旋转之后的 Y 轴旋转，得到俯仰角 pitch。

3）绕旋转之后的 X 轴旋转，得到滚转角 roll。

欧拉角表示旋转比较直观，存储空间少，但是存在一个重大的问题即万向锁问题：在俯仰角为±90°时，系统将丢失一个旋转自由度。这就产生了欧拉角奇异问题，因此很少在 SLAM 中直接使用欧拉角。

8.3.3 四元数

旋转矩阵表示三个自由度的旋转需要使用 9 个元素，显得冗余。旋转向量表示旋转，又会出现万向节死锁问题，无法实现平滑插值。四元数（Quaternions）的提出弥补了旋转矩阵与旋转向量的不足之处。

四元数是由爱尔兰数学家 Hamilton 在 1843 年发明的数学概念。四元数是简单的超复数，复数是由实数加上虚部 i 组成，其中 $i^2=-1$。相似地，四元数是由一个实部加上三个虚部 i、j、k 组成的。四元数可写成如下一般形式：

$$q = \{s+xi+yj+zk \mid s,x,y,z \in \mathbf{R}\} \tag{8.16}$$

其中，三个虚部 i、j、k 有如下关系：

$$\begin{cases} i^2=j^2=k^2=-1 \\ ij=k, ji=-k \\ jk=i, kj=-i \\ ki=j, ik=-j \end{cases} \tag{8.17}$$

四元数也可简写为如下形式：

$$q = [s, \boldsymbol{v}]^{\mathrm{T}}, \quad \boldsymbol{v} = [x, y, z]^{\mathrm{T}} \in \mathbf{R}^3 \tag{8.18}$$

如果一个四元数虚部为 0，则称为实四元数。反之，若它的实部为 0，则称为虚四元数。

在复数中，使用实部与虚部表示复平面上的向量。与复数类似，为表示三维空间中的点，可使用四元数的虚部作为三维空间的三个坐标轴。下面介绍如何使用四元数表示旋转以及四元数与旋转矩阵和旋转向量之间的转换。

给定一个三维向量 $\boldsymbol{v}$ 和用于旋转的单位四元数 $\boldsymbol{q}$，将 $\boldsymbol{v}$ 构造为一个虚四元数 $\boldsymbol{p}=[0,\boldsymbol{v}]$。设旋转后的三维向量为 $\boldsymbol{v}'$，同时将 $\boldsymbol{v}'$ 也构造为一个虚四元数 $\boldsymbol{p}'=[0,\boldsymbol{v}']$，那么旋转后的 $\boldsymbol{p}'$ 即可表示为这样的乘积：

$$\boldsymbol{p}' = \boldsymbol{q}\boldsymbol{p}\boldsymbol{q}^{-1} \tag{8.19}$$

由四元数到旋转矩阵的推导过程比较烦琐，下面直接给出转换方式，设单位四元数为 $q=w+xi+yj+zk$，则对应的旋转矩阵 $\boldsymbol{R}$ 为

$$\boldsymbol{R} = \begin{bmatrix} 1-2y^2-2z^2 & 2xy-2wz & 2xz+2wy \\ 2xy+2wz & 1-2x^2-2z^2 & 2yz-2wx \\ 2xz-2wy & 2yz+2wx & 1-2x^2-2y^2 \end{bmatrix} \tag{8.20}$$

假设矩阵 $\boldsymbol{R}=\{m_{ij}\}, i,j \in [1,2,3]$，四元数中的 w 可由 $\boldsymbol{R}$ 的对角线上的元素求和化简得到。x、y、z 可由对称位置上的元素求差计算得到。化简结果由下式给出：

$$w = \frac{\sqrt{\mathrm{tr}(\boldsymbol{R})+1}}{2}, \quad x = \frac{m_{32}-m_{23}}{4w}, \quad y = \frac{m_{13}-m_{31}}{4w}, \quad z = \frac{m_{21}-m_{12}}{4w} \tag{8.21}$$

假设某个旋转是绕单位向量 $[n_x, n_y, n_z]^{\mathrm{T}}$ 进行了角度为 θ 的旋转,则旋转的四元数形式为

$$\boldsymbol{q} = \left[\cos\frac{\theta}{2}, n_x\sin\frac{\theta}{2}, n_y\sin\frac{\theta}{2}, n_z\sin\frac{\theta}{2}\right]^{\mathrm{T}} \tag{8.22}$$

同样,也可从四元数中计算出对应的旋转轴与夹角:

$$\begin{cases} \theta = 2\arccos w \\ [n_x, n_y, n_z]^{\mathrm{T}} = \dfrac{[x, y, z]^{\mathrm{T}}}{\sin\dfrac{\theta}{2}} \end{cases} \tag{8.23}$$

旋转矩阵、旋转向量与四元数之间均可进行相互转换,具体使用哪一种形式表示旋转,可根据实际情况进行选择。

8.3.4　相似、仿射、射影变换

变换矩阵的提出是针对物体只发生位置和姿态变化,但物体本身的形状并没有发生改变的情况,这种变换称为欧氏变换。除此之外,有几种变换则会改变物体的外形。

1. 相似变换

相似变换是欧氏变换与均匀缩放的复合,它允许物体在 x、y、z 三个坐标上同时进行缩放,因此相似变换相对于欧氏变换增加了一个自由度,矩阵表示形式为

$$\boldsymbol{T}s = \begin{bmatrix} s\boldsymbol{R} & \boldsymbol{t} \\ \boldsymbol{0}^{\mathrm{T}} & 1 \end{bmatrix} \tag{8.24}$$

其中,s 为缩放因子,表示向量旋转后对其进行缩放,缩放前后的体积比不发生改变。

2. 仿射变换

仿射变换是平移变换与非均匀变换的复合,矩阵形式为

$$\boldsymbol{T}_{\mathrm{A}} = \begin{bmatrix} \boldsymbol{A} & \boldsymbol{t} \\ \boldsymbol{0}^{\mathrm{T}} & 1 \end{bmatrix} \tag{8.25}$$

在这里矩阵 $\boldsymbol{A}$ 是一个非奇异可逆矩阵,并不要求是正交矩阵。仿射变换包括平移、旋转、缩放、剪切和翻转,其中剪切会使物体发生倾斜。变换前后平行性和体积比不发生改变。

3. 射影变换

射影变换是最为普通的变换,其矩阵形式为

$$\boldsymbol{T}_{\mathrm{P}} = \begin{bmatrix} \boldsymbol{A} & \boldsymbol{t} \\ \boldsymbol{a}^{\mathrm{T}} & v \end{bmatrix} \tag{8.26}$$

其中,$\boldsymbol{A}$ 为可逆矩阵,$\boldsymbol{t}$ 为平移向量,$\boldsymbol{a}^{\mathrm{T}}$ 为缩放向量。当 $\boldsymbol{T}_{\mathrm{P}}$ 最后一行为 $[0,0,0,1]$ 时,即为仿射变换。在仿射变换的前提下,当矩阵 $\boldsymbol{A}$ 变为正交矩阵 $\boldsymbol{R}$ 时,即为欧氏变换。射影变换前后交比不发生改变。

8.4 位姿估计

8.4.1 位姿估计的研究意义

位姿估计是移动机器人研究中的一个关键问题,对于目标跟踪、机器人导航以及三维重建等具有重要意义。

精准的位姿估计是机器人实现自主工作的前提条件,位姿估计可分为对自身的位姿估计以及对外部目标的位姿估计。对外部目标的位姿估计又称为目标跟踪,良好的位姿估计能够实现对目标的精准跟踪。

导航是指机器人能够在地图中进行路径规划,即在任意两个地图点间寻找合适路径,然后控制自身运动到达目标点位置的过程。当机器人进行位姿估计并能够建立较为精准的运动轨迹时,会使导航规划的路径变得更为合理与准确,同时后期的"建图"结果也会更加精确。

场景三维重建是智能设备感知周围环境并与之交互的一种重要技术,位姿估计在三维重建中也具有非常重要的地位。例如,在大场景三维重建中,会出现由位姿估计的累计误差而导致的相机漂移和重建模型质量低的问题,前期良好的位姿估计能够提高后期三维重建的质量。

由此可见,位姿估计结果的好坏会直接影响后续工作的进行。因此,对机器人位姿估计是一项具有挑战性的复杂工作,其研究的重要性不言而喻。

8.4.2 常见的方法

求解位姿估计的方法通常根据相机类型以及已知的匹配点信息进行选择。当相机为单目时,已知两帧图像中的 2D 像素坐标,可采用对极约束解决位姿估计问题;当已知 3D 点以及其在相机上的投影位置时,可采用 PnP (Perspective-n-Point) 解决位姿估计问题;当相机为双目或者 RGBD 时,可直接得知或者间接求解出 2D 点的深度信息,从而得到两组 3D 点,此时可采用 ICP (Iterative Closest Point) 解决位姿估计问题。除了上述的传统方法,还可通过深度学习方法解决位姿估计问题。下面将对传统方法以及深度学习方法进行介绍。

1. 传统方法

(1) 2D-2D:对极约束

当两个相机在不同的位置对同一物体进行拍摄时,两张图像之间存在视觉几何关系,可通过二维图像点的对应信息恢复出两帧图像之间相机的运动。

如图 8.6 所示,两个相机的光学中心点分别为 O_1 和 O_2。M 为三维空间中的一点。m_1 为 M 点在第一帧图像 I_1 中的投影点,m_2 为 M 点在第二帧图像 I_2 中的投影点。连接 O_1、O_2,直线 O_1O_2 与图像 I_1、I_2 的交点分别为 e_1、e_2。直线 O_1O_2 称为基线,e_1、e_2 称为极点。光学中心点 O_1、O_2 与 M 点组成的平面称为极平面。称极平面与两个像平面 I_1、I_2 的相交线 l_1、l_2 为极线。

由图 8.6 可以看出,若无法确定 M 点的深度信息,连线 O_1m_1 上的每一点都有可能是 M 点的位置。对于图像 I_2 来说,极线 l_2 就是 M 点在 I_2 上可能出现的投影的位置,这样会导致

m_2 的位置无法确定。因此，在使用对极约束求解相机位姿时，通常要先进行特征点匹配，以确定 m_2 点的位置。

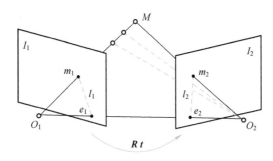

图 8.6 对极约束

设两帧图像中像素点 m_1、m_2 对应的归一化平面上的坐标分别为 x_1、x_2。x_1、x_2 存在如下关系：

$$x_2 = Rx_1 + t \tag{8.27}$$

将式（8.27）左右两端分别左乘 $t^\wedge$，得到

$$t^\wedge x_2 = t^\wedge Rx_1 \tag{8.28}$$

其中，符号 $^\wedge$ 可记为反对称符号，该符号可将向量之间的叉乘转换为矩阵与向量的乘法，即

$$a \times b = a^\wedge b = \begin{bmatrix} 0 & -a_3 & a_2 \\ a_3 & 0 & -a_1 \\ -a_2 & a_1 & 0 \end{bmatrix} b \tag{8.29}$$

将式（8.28）左右两端分别左乘 x_2^T，得到

$$x_2^T t^\wedge x_2 = x_2^T t^\wedge Rx_1 \tag{8.30}$$

其中，$t^\wedge x_2$ 所得到的向量与 x_2 垂直，因此 x_2 与 $t^\wedge x_2$ 的内积为零，则可将式（8.30）化简为如下形式：

$$x_2^T t^\wedge Rx_1 = x_2^T Ex_1 = 0 \tag{8.31}$$

式（8.31）称为对极约束，E 称为本质矩阵。若像素点 m_1、m_2 对应的像素坐标分别为 m_1、m_2，则满足如下对极约束：

$$m_2^T K^{-T} EK^{-1} m_1 = m_2^T F m_1 = 0 \tag{8.32}$$

F 称为基础矩阵，K 为相机内参数矩阵，通常相机在出厂后 K 的值就已固定。若是厂商未标明内参，可通过标定测得。

根据对极约束中两个匹配点的空间位置关系，可求得本质矩阵 E 或者基础矩阵 F。得到 E 或 F 后可求得旋转矩阵 R 与平移向量 t。由于 E 与 F 只相差了相机内参，因此通常使用形式更加简洁的本质矩阵 E。

在求解本质矩阵 E 时，通常使用经典的八点法。八点法将矩阵 E 写成向量形式，并将对极约束写成线性形式。设归一化平面坐标 $x_1 = [u_1, v_1, 1]^T$，$x_2 = [u_2, v_2, 1]^T$，u^i、v^i 表示第 i 个特征点。将式（8.31）写为如下形式：

$$
\begin{bmatrix} u_1^1u_2^1 & u_2^1v_1^1 & u_2^1 & v_2^1u_1^1 & v_1^1v_2^1 & v_2^1 & u_1^1 & v_1^1 & 1 \\ u_1^2u_2^2 & u_2^2v_1^2 & u_2^2 & v_2^2u_1^2 & v_1^2v_2^2 & v_2^2 & u_1^2 & v_1^2 & 1 \\ \vdots & \vdots & \vdots & \vdots & \vdots & \vdots & \vdots & \vdots & \vdots \\ u_1^8u_2^8 & u_2^8v_1^8 & u_2^8 & v_2^8u_1^8 & v_1^8v_2^8 & v_2^8 & u_1^8 & v_1^8 & 1 \end{bmatrix} \begin{bmatrix} e_1 \\ e_2 \\ e_3 \\ e_4 \\ e_5 \\ e_6 \\ e_7 \\ e_8 \\ e_9 \end{bmatrix} = \mathbf{0} \tag{8.33}
$$

式（8.33）中的系数矩阵大小为8×9，八个方程构成了一个线性方程组，若系数矩阵满秩，可通过求解线性方程组得到 $\boldsymbol{E}$，然后采用奇异值分解还原 $\boldsymbol{R}$ 与 $\boldsymbol{t}$。这里需要注意的一点是，当相机只有旋转时，$\boldsymbol{t}$ 为零，导致 $\boldsymbol{E}$ 也为零，将无法从矩阵 $\boldsymbol{E}$ 中还原旋转。

（2）3D-2D：PnP

PnP 是求解 3D 到 2D 点对运动的方法。它描述了当知道 n 个 3D 空间点及投影位置时，如何估计相机位姿。求解 PnP 问题已经有多种方法被提出，比如直接线性变换、P3P（Perspective-3-Point）、EPnP（Efficient Perspective-n-Point）、UPnP（Uncalibrated Perspective-n-Point）等。除上述线性方法外，还可以使用非线性优化的方式，即 Bundle Adjustment。PnP 问题求解方法较多，在这里主要介绍 P3P 与 Bundle Adjustment 方法。

P3P 方法需要三对 3D-2D 匹配点，即输入数据为三个点的世界坐标和当前帧下的 2D 像素坐标。P3P 的求解方法如下：首先求出世界坐标系下三个点在相机坐标系下的 3D 坐标，然后根据 3D-3D 的点对，计算 $\boldsymbol{R}$、$\boldsymbol{t}$。具体推导过程如下：

如图 8.7 所示，空间点 A、B、C 在图像上的投影点分别为 a、b、c，O 为相机光心。图中包含三角形之间的对应关系。

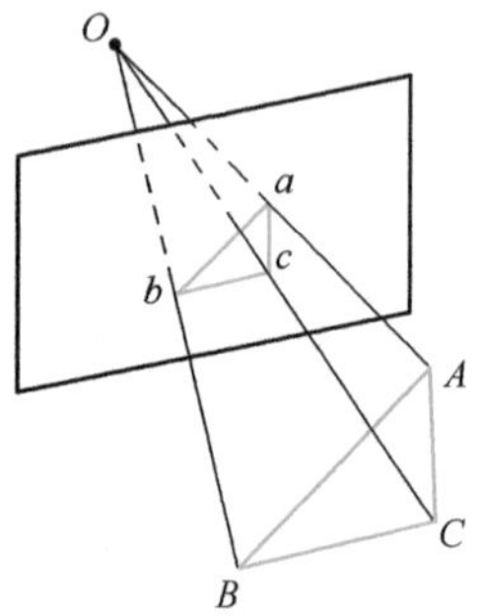

图 8.7　P3P 示意图

根据余弦定理可得

$$
\begin{aligned} OA^2+OB^2-2OA\cdot OB\cdot\cos\langle a,b\rangle &= AB^2 \\ OB^2+OC^2-2OB\cdot OC\cdot\cos\langle b,c\rangle &= BC^2 \\ OA^2+OC^2-2OA\cdot OC\cdot\cos\langle a,c\rangle &= AC^2 \end{aligned} \tag{8.34}
$$

两边同时除以 OC^2，并令 $x=\dfrac{OA}{OC}$，$y=\dfrac{OB}{OC}$，$u=\dfrac{AB^2}{OC^2}$，$v=\dfrac{BC^2}{AB^2}$，$w=\dfrac{AC^2}{AB^2}$，可将式（8.34）化简为如下形式：

$$
\begin{aligned} x^2+y^2-2xy\cos\langle a,b\rangle &= u \\ y^2+1-2y\cos\langle b,c\rangle &= uv \\ x^2+1-2x\cos\langle a,c\rangle &= wu \end{aligned} \tag{8.35}
$$

将式（8.35）化简，消去 u，可得

$$
(1-v)y^2-vx^2-2\cos\langle b,c\rangle y+2vxy\cos\langle a,b\rangle+1=0 \tag{8.36}
$$

$$
(1-w)x^2-wy^2-2\cos\langle a,c\rangle x+2wxy\cos\langle a,b\rangle+1=0 \tag{8.37}
$$

其中，v、w、$\cos\langle b,c\rangle$、$\cos\langle a,c\rangle$、$\cos\langle a,b\rangle$ 均已知。通过式（8.36）与式（8.37）求解二元二次方程，求出未知量 x、y 的值，得到空间点 A、B、C 在相机坐标系下的坐标值。A、B、C 三点在世界坐标系中的 3D 坐标与相机坐标系下的 3D 坐标形成了对应点对，将 PnP 问题转化为 ICP 问题，然后根据点对求解 $\boldsymbol{R}$、$\boldsymbol{t}$。ICP 问题将在 3D-3D 部分进行介绍。

所谓的重投影误差就是将当前位姿估计中的 3D 点进行投影，并与该点观测到的像素坐标位置进行比较，如图 8.8 所示。

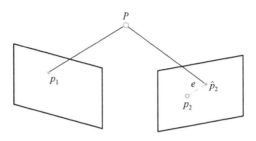

图 8.8　重投影误差示意图

经过特征点的提取与匹配可知，p_1 和 p_2 是三维空间中同一个空间点 P 的投影，点 P 的投影 $\hat{p}_2$ 与观测到的投影点 p_2 之间存在一定的距离，可通过移动相机来减少 $\hat{p}_2$ 与 p_2 之间的距离。

考虑 n 个三维空间点 P 及其投影 p，在计算相机的位姿 $\boldsymbol{R}$、$\boldsymbol{t}$ 时，它的李代数表示为 $\boldsymbol{\xi}$。假设某空间点坐标为 $\boldsymbol{P}_i = (X_i, Y_i, Z_i)^{\mathrm{T}}$，其投影的像素坐标为 $\boldsymbol{u}_i = (u_i, v_i)^{\mathrm{T}}$。像素位置与空间点位置的关系如下：

$$s_i \begin{bmatrix} u_i \\ v_i \\ 1 \end{bmatrix} = \boldsymbol{K}\exp(\boldsymbol{\xi}^{\wedge}) \begin{bmatrix} X_i \\ Y_i \\ Z_i \\ 1 \end{bmatrix} \tag{8.38}$$

矩阵形式为

$$s_i \boldsymbol{u}_i = \boldsymbol{K}\exp(\boldsymbol{\xi}^{\wedge})\boldsymbol{P}_i \tag{8.39}$$

由于相机位姿未知及观测点的噪声，式（8.39）存在一个误差。因此将误差求和，构建最小二乘问题，寻找最佳相机位姿，使它最小化。

$$\boldsymbol{\xi}^{*} = \arg\min_{\boldsymbol{\xi}}(e) = \arg\min_{\boldsymbol{\xi}} \frac{1}{2}\sum_{i=1}^{n}\left\| \boldsymbol{u}_i - \frac{1}{s_i}\boldsymbol{K}\exp(\boldsymbol{\xi}^{\wedge})\boldsymbol{P}_i \right\|_2^2 \tag{8.40}$$

求解该最小二乘问题可采用高斯牛顿法、列文伯格-马夸尔特法等优化算法求解。

（3）3D-3D：ICP

当已知一组配对好的 3D 点时，可采用 ICP 解决位姿估计问题。与 PnP 类似，ICP 的解决方法也分为线性方法与非线性优化方法。线性方法通常采用奇异值分解；非线性优化方法采用迭代方式寻找最优解。

采用奇异值分解法时，设一对匹配好的点的集合为

$$\boldsymbol{X} = \{\boldsymbol{x}_1, \boldsymbol{x}_2, \cdots, \boldsymbol{x}_n\}, \quad \boldsymbol{Y} = \{\boldsymbol{y}_1, \boldsymbol{y}_2, \cdots, \boldsymbol{y}_n\} \tag{8.41}$$

寻找 $\boldsymbol{R}$、$\boldsymbol{t}$ 使得

$$y_i = Rx_i + t \tag{8.42}$$

定义误差函数:

$$e_i = y_i - (Rx_i + t) \tag{8.43}$$

构建最小二乘问题,求出使得误差函数最小的 R、t:

$$\min_{R,t} J = \frac{1}{2}\sum_{i=1}^n \|y_i - (Rx_i + t)\|_2^2 \tag{8.44}$$

设 x_0、y_0 分别为 X、Y 的质心坐标,将式(8.44)做如下变换:

$$
\begin{aligned}
&\frac{1}{2}\sum_{i=1}^n \|y_i - (Rx_i + t)\|_2^2 \\
&= \frac{1}{2}\sum_{i=1}^n \|y_i - y_0 - R(x_i - x_0) + (y_0 - Rx_0 - t)\|^2 \\
&= \frac{1}{2}\sum_{i=1}^n \|y_i - y_0 - R(x_i - x_0)\|^2 + \|y_0 - Rx_0 - t\|^2 + \\
&\quad 2(y_i - y_0 - R(x_i - x_0))^T(y_0 - Rx_0 - t) \\
&= \frac{1}{2}\sum_{i=1}^n \|y_i - y_0 - R(x_i - x_0)\|^2 + \|y_0 - Rx_0 - t\|^2
\end{aligned} \tag{8.45}
$$

令 $y_i' = y_i - y_0$,$x_i' = x_i - x_0$,则使用式(8.45)中的第一项计算旋转矩阵 R,令第二项等于零即可求出 t:

$$R^* = \arg\min_R \frac{1}{2}\sum_{i=1}^n \|y_i' - Rx_i'\|^2 \tag{8.46}$$

$$t^* = y_0 - Rx_0 \tag{8.47}$$

将式(8.46)展开,并对其进行化简:

$$R^* = \arg\min_R \frac{1}{2}\sum_{i=1}^n (y_i'^T y_i' + x_i'^T R^T Rx_i' - 2y_i'^T Rx_i') \tag{8.48}$$

由于只有第三项与 R 相关,因此将第三项展开,可得到

$$\sum_{i=1}^n -y_i'^T Rx_i' = \sum_{i=1}^n -\mathrm{tr}(Rx_i'y_i'^T) = -\mathrm{tr}\left(R\sum_{i=1}^n x_i'y_i'^T\right) = -\mathrm{tr}(RH) \tag{8.49}$$

将式(8.49)中矩阵 H 进行奇异值分解求解出旋转矩阵 R。

采用非线性优化方法时,使用李代数表示位姿,将目标函数写为

$$\min_\xi \frac{1}{2}\sum_{i=1}^n \|y_i - \exp(\xi^\wedge)x_i'\|_2^2 \tag{8.50}$$

通过不断迭代寻找极小值,求解出旋转矩阵 R 与平移向量 t。

以上为传统的求解位姿估计的主要方法,通过对比可以发现:2D-2D 的对极几何方法需要较多点对(如八点法需要 8 个点对),且存在初始化、纯旋转和尺度的问题;对于 3D-2D 的 PnP 方法,只需要 3 个点对就可以估计相机位姿。由于不需要使用对极约束,又可以在很少的匹配点中获得较好的位姿估计,是最重要的一种姿态估计方法;对于 3D-3D 的 ICP 方法,由于仅考虑两组 3D 点之间的变化,和相机模型并无关联。例如,在 RGBD-SLAM 中,可以用这种方法估计相机位姿。

下面介绍近几年使用深度学习求解位姿估计的方法，主要分为三类：监督学习、无监督学习和半监督学习。

2. 深度学习方法

（1）监督学习方法

在监督学习方面，Konda 等人最先通过提取视觉运动和深度信息实现了端到端的基于深度学习的视觉里程计（Visual Odometry，VO）。在使用立体图像估计出深度信息之后，采用卷积神经网络并通过 Softmax 函数预测相机速度和方向的改变。图 8.9 为该文中使用的卷积神经网络结构图。

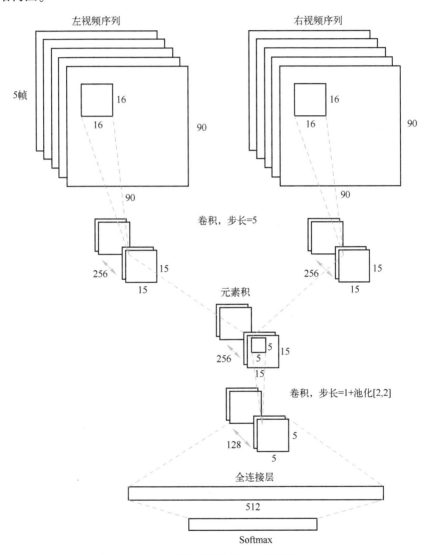

图 8.9　预测相机速度和方向的卷积神经网络

图 8.9 中为两个具有相同框架的不同的神经网络，分别用来预测相机的速度和方向变化。输入均为整个帧序列里的 5 帧图像的子序列，经过卷积层后，将两个序列图像相对应的元素进行乘积操作，然后经过卷积层、池化层、全连接层以及最后的 Softmax 层，输出为速

153

度和方向变化的矢量。利用每 5 个帧图像子序列得到速度和方向变化信息，从而恢复出完整序列的路径。

PoseNet 为早期监督学习方法的典型代表。该方法通过训练卷积神经网络，以端到端的方式从单个 RGB 图像中回归 6 自由度相机的姿态，而无须其他工程或图形优化。该方法首先通过 SfM 自动生成训练样本的标注，无须人工标注每一幅图像的位姿信息；然后建立由图片到 6 自由度位姿的回归模型，模型的神经网络结构借鉴了 GoogLeNet 的网络结构及参数。PoseNet 通过迁移学习，在无大量标签数据集的支持下，得到了精度较高的位姿定位。但是这种方法对于大规模场景非常耗时，泛化能力较差。

（2）无监督学习方法

无监督学习在视觉里程计中应用较早，起初无监督学习在该领域的应用是提取稳定的特征点，通过特征点的匹配来求解相对位姿。近年来，随着深度学习技术的发展，研究者逐步把侧重点放在了直接的位姿估计上。

Kishore Konda 与 Roland Memisevic 较早地提出了自编码的方式，定义了 SAE-MD 模型用于同时估计图像深度及图像间的运动。

Tinghui Zhou 等人通过无监督学习的方式同时估计出了图像的深度、图像间的位姿状态以及图像中的动态物体。单帧图像通过 Depth CNN 网络获得深度图，相邻两帧图像通过 Pose CNN 生成相对的相机位姿，根据深度图与位姿将源图像投射到目标图像上，最后通过真实目标图像与投射产生目标图像的重建误差来训练网络。

如图 8.10a 所示，单视图深度预测网络采用的是 DispNet 网络架构，主要基于跳跃链接与多尺度预测的编码器-解码器设计。图 8.10b 为位姿/可解释性预测网络，其输入为沿着彩色通道，与所有源图像连接在一起的目标图像，输出为目标图像和每个源图像之间的相对位姿。可解释性预测网络与位姿预测网络共享前 5 个特征编码层，然后分别预测 6 自由度相对位姿和多尺度可解释性掩膜。该方法在网络结构设计、初值设定和训练方法上都采用了较为合适的策略，是目前效果最好的无监督学习方法，之后也有基于该方法的改进算法。

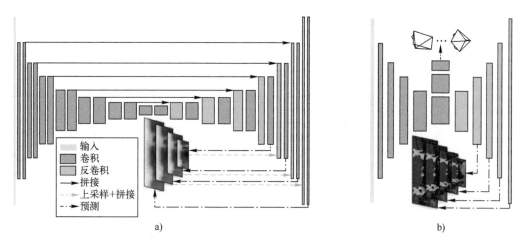

a)　　　　　　　　　　　　　　　　　b)

图 8.10　深度、位姿/可解释性预测网络

a）单视图深度预测网络　b）位姿/可解释性预测网络

（3）半监督学习方法

半监督学习方法除了应用图像进行自我监督外，还应用了部分标签作为监督信息。下面介绍 Susanna Ricco 等提出的一种半监督学习方法 SfM-Net。

如图 8.11 所示，SfM-Net 首先对单帧图像进行卷积与反卷积操作得到图像的深度图并融合成深度点云。然后计算相邻两帧图像之间的变化位姿，识别出场景中的运动物体并进行图像分割，输出前景物体掩膜及其相对于背景的运动状态。当前帧的点云根据图像间的位姿变换以及前景物体的运动状态进行点云位姿变换并投射到下一帧中，生成图像间的运动光流。整个网络根据数据集提供标签的不同可以进行无监督和半监督学习。

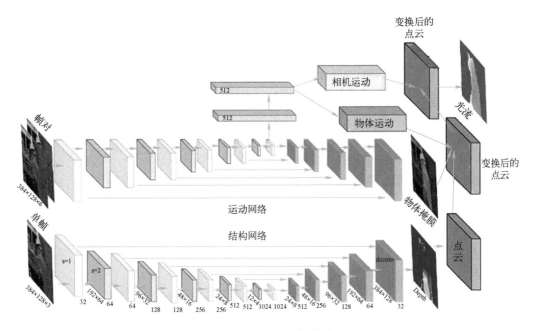

图 8.11　SfM-Net 结构图

8.5　点云配准

在视觉 SLAM "定位" 与 "建图" 两个经典问题中，应用层面对于 "定位" 的需求是类似的，需要 SLAM 提供相机或搭载相机主体的空间位姿信息，而对于 "建图" 而言，则存在许多不同的需求，如定位、导航、避障、三维重建以及人机交互等。

除了可以使用单目、双目相机进行稠密建图以外，由于深度相机可以直接获得点云信息，无须消耗大量的计算资源，而且点云数据精度高，快速匹配会使得最后的三维重建结果更加精准，在适用范围内，对于三维重建是一种更好的选择。这一点在前面章节已经有所论述。

因此，本章着重介绍点云配准方法。按照配准结果的精确程度，三维点云配准算法分为粗配准和精配准。

8.5.1 粗配准方案

粗配准方案主要分为基于穷举搜索的配准算法与基于特征匹配的配准算法。基于穷举搜索的配准算法主要为 RANSAC 配准算法、4PCS（4-Points Congruent Sets）配准算法以及在 4PCS 算法基础上衍生出来的 Super-4PCS、SK-4PCS 等算法。基于特征匹配的配准算法主要有基于点 FPFH 特征的 SAC-IA（Sample Consensus Initial Aligment）、FGR 等算法。下面主要介绍 4PCS 与 SAC-IA 算法原理。

1. 4PCS

4PCS 算法是由 Dror Aiger、Niloy J. Mitra 和 Daniel Cohen-Or 于 2008 年提出的一种快速且鲁棒的 3D 点云粗配准方法。该方法使用的是 RANSAC 算法框架，通过构建与匹配全等四点对的方式来减少空间匹配运算，进而加速配准过程。4PCS 算法的具体原理如下：

设 P 与 Q 为待配准的两个点云数据集合。首先在 P 中选取三个点，形成一个面，接着在此面上选取第四个点。当无法实现四个点同时共面时，可在误差允许的范围内选取一个非共面点，形成广域基 $B \subset P$。为了使匹配更加稳定，四个点的选取要满足一定的距离条件，最大的距离可使用重叠分数 f 进行估计，若 f 无法满足设定阈值的要求，可采用递减的方法进行试凑，直到满足误差要求。在确定 B 后，定义比例因子 r_1、r_2，r_1、r_2 在点云旋转和平移变化中具有仿射不变性，如图 8.12 所示。

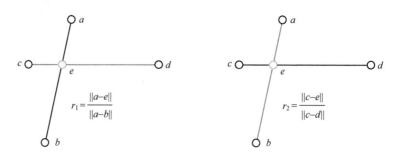

图 8.12 r_1、r_2 求解示意图

根据 r_1、r_2 计算 Q 中任意两点之间可能存在的四种交点位置，如图 8.13 所示，交点位置的估计公式如下：

$$e_1 = q_1 + r_1(q_2 - q_1) \tag{8.51}$$

$$e_2 = q_1 + r_2(q_2 - q_1) \tag{8.52}$$

在示例图 8.14 中，为简单起见，仅标出每个点对的两个中间点。如果 $e_i \approx e_j$，则表示寻找的四个点与给定的 B 近似一致。

根据上述步骤在 Q 中寻找与 B 在近似限制 δ 下全等的 4 点子集，记为 $U = \{U_1, U_2, \cdots, U_n\}$。对任一 U_i，通过 B 与 U_i 的关系计算出最佳刚性变换 T_i。然后使用 LCP（Largest Common Pointset）策略寻找最大重叠度的 U_i，确定在 B 下的最佳刚性变换矩阵 T。

最后对于 P 中共面四点集合 $E = \{B_1, B_2, \cdots, B_m\}$ 均使用相同的方法进行测试，选出最佳变换矩阵 T_{opt}。

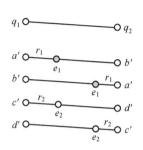

图 8.13　交点位置示意图

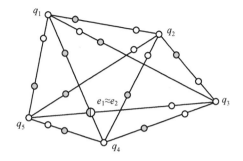

图 8.14　4PCS 算法示例图

2. SAC-IA

在介绍 SAC-IA 算法之前，首先介绍一下点特征直方图（Point Feature Histogram，PFH）与快速点特征直方图（Fast Point Feature Histogram，FPFH）。

PFH 通过计算点的法线与 k 邻域点法线之间的空间几何关系，并形成一个多维直方图，对点的 k 邻域几何属性进行描述。图 8.15 是 PFH 的计算原理图，p_q 为待求 PFH 特征的点，确定一参考半径内的 k 个邻域点，计算 k 邻域内的所有点两两之间的欧氏距离、法线的角度偏差。计算过程如下：

假设给定两点 p_1、p_2，且这两点各自的法线方向分别为 n_1、n_2，如图 8.16 所示。在点 p_1 上定义一个坐标系，该坐标系三个单位向量 u、v、w 的建立规则如下：

$$u = n_1 \tag{8.53}$$

$$v = u \times \frac{p_2 - p_1}{\|p_2 - p_1\|^2} \tag{8.54}$$

$$w = u \times v \tag{8.55}$$

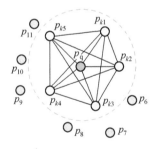

图 8.15　PFH 计算原理图

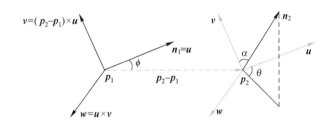

图 8.16　坐标系示意图

法线的角度偏差由 α、ϕ、θ 表示，三个角度构成一个三元组，计算公式如下：

$$\alpha = v \cdot n_2 \tag{8.56}$$

$$\phi = u \cdot \frac{p_2 - p_1}{\|p_2 - p_1\|^2} \tag{8.57}$$

$$\theta = \arctan(w \cdot n_2, u \cdot n_2) \tag{8.58}$$

然后将三元组中的每个特征值均分成 b 等份，统计每个子区间出现的点的个数，绘制成直方图，就得到了 p_q 点的直方图特征。

FPFH 是由 PFH 延伸变换而来的。FPFH 在 PFH 的基础上采用一些简化和优化措施加快计算速度。图 8.17 是 FPFH 计算示意图，首先按照 PEH 计算每个查询点 p_q 和其邻域点（图 8.17 中灰色区域内的点）之间的关系，记为简化点特征直方图 SPFH(p_q)。接着重新确定数据集中每个点的 k 邻域，并使用已计算出的 SPFH(p_q) 特征，估计 FPFH 特征，记为 FPFH(p_q)：

$$FPFH(p_q) = SPFH(p_q) + \frac{1}{k}\sum_{i=1}^{k}\frac{1}{w_i}SPFH(p_i) \qquad (8.59)$$

式中，w_i 为权重，用于评定 p_q 与 p_i 之间的关系。

SAC-IA 算法过程如下：

1) 假设两个点云分别为 P、Q，分别计算两个点云的 FPFH 特征。

2) 在点云 P 中随机采样 m 个点 $p_1, p_2, \cdots, p_m$，并在点云 Q 中寻找与点云 P 中 m 个点的 FPFH 特征最相近的 m 个点 $q_1, q_2, \cdots, q_m$。

3) 利用点云 P 与点云 Q 已配对好的 m 个点对计算变换矩阵 T，并使用 T 对点云 P 进行变换，得到新的点云 P'。

4) 计算点云 P' 与点云 Q 之间的配准误差，存储对应的变换矩阵 T 与配准误差。

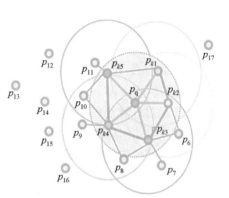

图 8.17　FPFH 计算示意图

5) 循环第 2)~4) 步，寻找最小配准误差下的变换矩阵 T，直至达到设定的最大迭代次数。

8.5.2　精配准方案

为了减少两个点云间的匹配误差，提高匹配精度，粗配准远远达不到要求，需要进行精确配准。精配准就是在已知两个点集的初始位置的情况下，采用迭代方式逐渐逼近最佳结果。应用最为广泛的精配准算法是 ICP 算法以及在 ICP 算法的基础上衍生出来的各种算法，如 GICP、NICP 等算法。下面介绍 ICP 算法原理。

ICP 算法是由 PJ Besl 和 ND Mckay 在 1992 年提出的利用迭代计算方式得到最优解的方法。ICP 算法过程如下：

1) 与粗配准方案相同，设 $P = \{p_1, p_2, \cdots, p_n\}$ 与 $Q = \{q_1, q_2, \cdots, q_n\}$ 为初始待配准的两个点云数据集合。

2) 对 P 中的每个点搜索其在 Q 中的最近点，常见的搜索方法有设定距离阈值加速查找与使用 ANN 加速查找。然后构建误差函数，如式（8.60）所示，其中，q_i 和 p_i 分别为对应最近点集中的第 i 对对应点：

$$E(\boldsymbol{R}, \boldsymbol{t}) = \frac{1}{n}\sum_{i=1}^{n}\|q_i - (\boldsymbol{R}p_i + \boldsymbol{t})\|^2 \qquad (8.60)$$

3) 通过计算 $\boldsymbol{R}$ 与 $\boldsymbol{t}$ 使得误差函数最小。求解方法与 8.4.2 节中的 ICP 求解方法相同。通过去质心、奇异值分解方法计算旋转矩阵 $\boldsymbol{R}$，利用已求解的 $\boldsymbol{R}$ 计算 $\boldsymbol{t}$。

4）利用求解出的 R、t 对 P 进行变换，得到新的点云数据集合 $P' = \{p'_1, p'_2, \cdots, p'_n\}$，并计算出 P' 与 Q 的平均距离：

$$d = \frac{1}{n} \sum_{i=1}^{n} \| p'_i - q_i \|^2 \tag{8.61}$$

5）当 d 小于某一设定阈值或者达到最大迭代次数时则停止计算，否则将新的点云数据集合 P' 代入第 2）步继续进行计算，直至满足迭代停止条件。

8.5.3　结合法

在实际应用中，结合法通常可理解为粗配准+精配准，即先对点云进行粗配准，为后期的精配准提供良好的初值；接着将粗配准后的点云再进行精配准，从而最终达到精准的配准效果。常见的方法有 SAC-IA 粗配准结合 ICP 精配准、SAC-IA 粗配准结合 NDT 精配准等。

同时，结合法也可理解为将点云的颜色信息与几何信息相结合进行配准，即将 RGBD 深度图像中基于颜色的配准方案与基于几何位置的配准方案相结合，并推广至无序点云。

8.6　本章小结

本章深入介绍了视觉 SLAM 的概念、原理和相关技术，强调了在实时环境中同时完成定位和地图构建的重要性，涵盖了传感器融合、特征点提取匹配以及 SLAM 系统中的闭环检测等方面。当前，视觉 SLAM 领域不断涌现新技术，如基于深度学习的 SLAM、视觉惯性融合等，这些技术提高了在复杂环境中定位和地图构建的精准度和鲁棒性。

习题

1. 为什么要研究视觉 SLAM？
2. SLAM 的概念和分类是什么？
3. 视觉 SLAM 框架是什么？
4. 三维空间刚体运动的原理是什么？
5. 位姿估计的研究意义是什么？
6. 典型的位姿估计算法有哪些？
7. 点云粗配准算法的原理是什么？
8. 点云精配准算法的原理是什么？

参 考 文 献

［1］ 章毓晋. 图像工程：下册　图像理解 ［M］. 4 版. 北京：清华大学出版社，2018.

［2］ 章毓晋. 图像工程：上册　图像处理 ［M］. 4 版. 北京：清华大学出版社，2018.

［3］ GOODFELLOW I, BENGIO Y, COURVILLE A. 深度学习 ［M］. 赵申剑，黎彧君，符天凡，等译. 北京：人民邮电出版社，2017.

［4］ PARKER J R. 图像处理与计算机视觉算法及应用 ［M］. 景丽，译. 2 版. 北京：清华大学出版社，2012.

［5］ MALAMAS E N, PETRAKIS E G M, ZERVAKIS M, et al. A survey on industrial vision systems, applications and tools ［J］. Image and vision computing, 2003, 21 (2)：171-188.

［6］ ZHANG M, WU Y, DU Y, et al. Saliency detection integrating global and local information ［J］. Journal of visual communication and image representation, 2018, 53：215-223.

［7］ ZHANG M, PANG Y, WU Y, et al. Saliency detection via local structure propagation ［J］. Journal of visual communication and image representation, 2018, 52：131-142.

［8］ COHEN N, SEBE A, GARG L S, et al. Facia expression recognition from video sequences：temporal and static modeling ［J］. Computer vision and image understanding, 2003, 91 (1-2)：160-187.

［9］ GONZALEZ R C, WOODS R E. 数字图像处理 ［M］. 阮秋琦，阮宇智，译. 3 版. 北京：电子工业出版社，2011.

［10］ SHAPIRO L G, STOCKMAN G C. 计算机视觉 ［M］. 赵清杰，钱芳，蔡利栋，译. 北京：机械工业出版社. 2005.

［11］ LI H, HE X, TAO D, et al. Joint medical image fusion, denoising and enhancement via discriminative low-rank sparse dictionaries learning ［J］. Pattern recognition, 2018, 79：130-146.

［12］ SMITH S M, BRADY J M. SUSAN：a new approach to low level image processing ［J］. International journal of computer vision, 1997, 23 (1)：45-78.

［13］ 游福成. 数字图像处理 ［M］. 北京：电子工业出版社，2011.

［14］ DU Z, LI X. Laplacian filtering effect on digital image tuning via the decomposed eigen-filter ［J］. Computers & electrical engineering, 2019, 78：69-78.

［15］ LIN T-C. Partition belief median filter based on Dempster-Shafer theory for image processing ［J］. Pattern recognition, 2008, 41 (1)：139-151.

［16］ ZHANG W, KUMAR M, YANG J, et al. An adaptive fuzzy filter for image denoising ［J］. Cluster computing, 2019, 22 (6)：14107-14124.

［17］ KIM Y S, LEE J H, RA J B. Multi-sensor image registration based on intensity and edge orientation information ［J］. Pattern recognition, 2008, 41 (11)：3356-3365.

［18］ GHOSAL S K, MANDAL J K, SARKAR R. High payload image steganography based on Laplacian of Gaussian (LoG) edge detector ［J］. Multimedia tools and applications, 2018, 77 (23)：30403-30418.

［19］ LAAROUSSI S, BAATAOUI A, HALLI A, et al. A dynamic mosaicking method for finding an optimal seamline with Canny edge detector ［J］. Procedia computer science, 2019, 148：618-626.

［20］ CHEN B, WU S. Weighted aggregation for guided image filtering ［J］. Signal, image and video processing, 2020, 14 (3): 491-498.

［21］ FOLEY J D. Computer graphics: principles and practice ［M］. New York: Addison – Wesley Professional, 1996.

［22］ LU R, HONG Q, GE Z, et al. Color shift reduction of a multi-domain IPS-LCD using RGB-LED backlight ［J］. Optics express, 2006, 14 (13): 6243-6252.

［23］ RANJBAR V H, TAN C Y. Effect of impedance and higher order chromaticity on the measurement of linear chromaticity ［J］. Physical review special topics—accelerators & beams, 2011, 14 (8): 082802.

［24］ LYU W, LU W, MA M. No-reference quality metric for contrast-distorted image based on gradient domain and HSV space ［J］. Journal of visual communication and image representation, 2020, 69: 102797.

［25］ SONG G, SONG K, YAN Y. Saliency detection for strip steel surface defects using multiple constraints and improved texture features ［J］. Optics and lasers in engineering, 2020, 128: 106000.

［26］ HOU B, LUO X, WANG S, et al. Polarimetric SAR images classification using deep belief networks with learning features ［C］// 2015 IEEE International Geoscience and Remote Sensing Symposium (IGARSS), Milan, 2015.

［27］ AREECKAL A S, KAMATH J, ZAWADYNSKI S, et al. Combined radiogrammetry and texture analysis for early diagnosis of osteoporosis using Indian and Swiss data ［J］. Computerized medical imaging and graphics, 2018, 68: 25-39.

［28］ FRITZ B, MÜLLER D A, SUTTER R, et al. Magnetic resonance imaging-based grading of cartilaginous bone tumors: added value of quantitative texture analysis ［J］. Investigative radiology, 2018, 53 (11): 663-672.

［29］ YI J, LEE Y H, KIM S K, et al. Response evaluation of giant-celltumor of bone treated by denosumab: histogram and texture analysis of CT images ［J］. Journal of orthopaedic science, 2018, 23 (3): 570-577.

［30］ BAYRAMOGLU N, TIULPIN A, HIRVASNIEMI J, et al. Adaptive segmentation of knee radiographs for selecting the optimal ROI in texture analysis ［J］. Osteoarthritis and cartilage, 2020, 28 (7): 941-952.

［31］ IWASZENKO S, SMOLIŃSKI A. Texture features for bulk rock material grain boundary segmentation ［J］. Journal of King Saud University—engineering sciences, 2021, 33 (2): 95-103.

［32］ SERET A, MALDONADO S, BAESENS B. Identifying next relevant variables for segmentation by using feature selection approaches ［J］. Expert systems with applications, 2015, 42 (15-16): 6255-6266.

［33］ ZHAO X, WANG H, WU J, et al. Remote sensing image segmentation using geodesic-kernel functions and multi-feature spaces ［J］. Pattern recognition, 2020, 104: 107333.

［34］ CHOY K S, LAM Y S, YU W K, et al. Fuzzy model-based clustering and its application in image segmentation ［J］. Pattern recognition, 2017, 68: 141-157.

［35］ BORJIGIN S, SAHOO P K. Color image segmentation based on multi-level Tsallis-Havrda-Charvát entropy and 2D histogram using PSO algorithms ［J］. Pattern recognition, 2019, 92: 107-118.

［36］ RA M, JUNG H G, SUHR J K, et al. Part-based vehicle detection inside-rectilinear images for blind-spot detection ［J］. Expert systems with applications, 2018, 101: 116-128.

［37］ HETTIARACHCHI R, PETERS J F. Voronoï region-based adaptive unsupervised color image segmentation ［J］. Pattern recognition, 2017, 65: 119-135.

［38］ KAZHDAN M, BOLITHO M, HOPPE H. Poisson surface reconstruction ［C］// Proceedings of the Fourth Eurographics Symposium on Geometry Processing, Cagliari, 2006.

［39］ KUO C C, YAU H T. A Delaunay-based region-growing approach to surface reconstruction from unorganized points［J］. Computer-aided design, 2005, 37（8）：825-835.

［40］HAYKIN S O. Neural networks and learning machines［M］. 3rd ed. Upper Saddle River：Prentice Hall, 2008.

［41］RUSSELL S J, NORVIG P. 人工智能：一种现代的方法［M］. 殷建平, 祝恩, 刘越, 等译. 3 版. 北京：清华大学出版社, 2013.

［42］周志华. 机器学习［M］. 北京：清华大学出版社, 2016.

［43］FORSYTH D A, PONCE J. 计算机视觉：一种现代方法［M］. 高永强, 等译. 2 版. 北京：电子工业出版社, 2020.

［44］邱锡鹏. 神经网络与深度学习［M］. 北京：机械工业出版社, 2020.

［45］李航. 统计学习方法［M］. 北京：清华大学出版社, 2012.

［46］PALASEK P, PATRAS I. Action recognition using convolutional restricted Boltzmann machines［C］// Proceedings of the 1st International Workshop on Multimedia Analysis and Retrieval for Multimodal Interaction, New York, 2016.

［47］LEE H, GROSSE R, RANGANATH R, et al. Convolutional deep belief networks for scalable unsupervised learning of hierarchical representations［C］// Proceedings of the 26th Annual International Conference on Machine Learning, Montreal, 2009.

［48］NOROUZI M, RANJBAR M, MORI G. Stacks of convolutional restricted Boltzmann machines for shift-invariant feature learning［C］// 2009 IEEE Conference on Computer Vision and Pattern Recognition, Miami, 2009.

［49］ZEILER D M, FERGUS R. Stochastic pooling for regularization of deep convolutional neural networks［EB/OL］.（2013-01-16）［2024-01-08］. http://arxiv. org/abs/1301. 3557.

［50］LECUN Y, BOTTOU L. Gradient-based learning applied to document recognition［J］. Proceedings of the IEEE, 1998, 86（11）：2278-2324.

［51］KRIZHEVSKY A, SUTSKEVER I, HINTON G E. ImageNet classification with deep convolutional neural networks［J］. Advances in neural information processing systems, 2012：1097-1105.

［52］GU J, WANG Z, KUEN J, et al. Recent advances in convolutional neural networks［J］. Pattern recognition, 2018, 77：354-377.

［53］FERNÁNDEZ E, CRESPO L S, MARTINEZ A, et al. ROS 机器人程序设计［M］. 刘锦涛, 张瑞雷, 等译. 2 版. 北京：机械工业出版社, 2016.

［54］高翔, 张涛, 等. 视觉 SLAM 十四讲：从理论到实践［M］. 北京：电子工业出版社, 2017.

［55］GRAIG J J. 机器人学导论［M］. 负超, 王伟, 译. 4 版. 北京：机械工业出版社, 2018.

［56］HARTLEY R I. In defense of the eight-point algorithm［J］. IEEE transactions on pattern analysis and machine intelligence, 1997, 19（6）：580-593.

［57］GAO X-S, HOU X-R, TANG J, et al. Complete solution classification for the perspective-three-point problem［J］. IEEE transactions on pattern analysis and machine intelligence, 2003, 25（8）：930-943.

［58］KONDA K R, MEMISEVIC R. Learning visual odometry with a convolutional network［J］. VISAPP（1）, 2015：486-490.

［59］KENDALL A, GRIMES M, CIPOLLA R. Posenet：a convolutional network for real-time 6-DOF camera relocalization［C］// Proceedings of the IEEE International Conference on Computer Vision, Santiago, 2015.

［60］KENDALL A, GRIMES M, CIPOLLA R. Convolutional networks for real-time 6-DOF camera relocalization［J］. Education for information, 2015, 31：125-141.

［61］ZHOU T, BROWN M, SNAVELY N, et al. Unsupervised learning of depth and ego-motion from video

[C]// Proceedings of the IEEE Conference on Computer Vision and Pattern Recognition, Honolulu, 2017.

[62] VIJAYANARASIMHAN S, RICCO S, SCHMID C, et al. SfM-Net: learning of structure and motion from video [EB/OL]. (2017-04-25) [2024-01-08]. https://arxiv. org/abs/1704. 07804.

[63] AIGER D, MITRA N J, COHEN-OR D. 4-points congruent sets for robust pairwise surface registration [J]. ACM transactions on graphics, 2008, 27: 1-10.

[64] MELLADO N, AIGER D, MITRA N J. Super 4pcs fast global pointcloud registration via smart indexing [J]. Computer graphics forum, 2014, 33 (5): 205-215.

[65] RUSU R B, BLODOW N, BEETZ M. Fast point feature histograms (FPFH) for 3D registration [C]. 2009 IEEE International Conference on Robotics and Automation, Kobe, 2009: 3212-3217.